职业教育大数据技术专业"互联网+"创新教材

数据可视化技术与应用

主　编　吴　勇　唐文芳

参　编　廖　坚　聂　拓　彭　军

　　　　刘艳华　姚羽轩

机械工业出版社

本书以"岗课赛证"育人模式为指引，将竞赛资源融入课程教学，将教学内容与行业职位能力衔接。本书遵循"做中学、学中做"理念，采用"项目引领、任务驱动"方式编排内容，依据行业主流可视化技术，划分为 3 篇，包括 Matplotlib 数据可视化技术、ECharts 数据可视化技术和动态数据可视化技术，难度逐渐增加。每篇设计 1 或 2 个项目，每个项目划分若干任务，每个任务安排相关理论知识和实践内容。通过完成每个任务，读者逐步学习各种主流可视化技术，掌握数据可视化的概念、目标、特征和流程等基础知识，掌握数据可视化设计方法，能够使用常见图表类型进行可视化呈现，并对可视化结果撰写分析报告。

本书可作为职业院校大数据技术、人工智能应用技术等相关专业的教学用书，也可作为数据分析、数据挖掘、数据可视化工程等从业人员的自学参考用书。

本书配有电子课件等课程资源，选用本书作为授课教材的教师可以在机械工业出版社教育服务网（www.cmpedu.com）免费注册后进行下载，或联系编辑（010-88379807）咨询。

图书在版编目（CIP）数据

数据可视化技术与应用/吴勇，唐文芳主编．—北京：机械工业出版社，2024.1（2025.1重印）
职业教育大数据技术专业"互联网+"创新教材
ISBN 978-7-111-74779-6

Ⅰ．①数…　Ⅱ．①吴…　②唐…　Ⅲ．①可视化软件-职业教育-教材　Ⅳ．①TP31

中国国家版本馆CIP数据核字（2024）第034603号

机械工业出版社（北京市百万庄大街22号　邮政编码100037）
策划编辑：张星瑶　　　　　　　责任编辑：张星瑶　王　芳
责任校对：孙明慧　梁　静　　　封面设计：马若濛
责任印制：单爱军
北京虎彩文化传播有限公司印刷
2025 年 1 月第 1 版第 2 次印刷
210mm×285mm · 14 印张 · 354 千字
标准书号：ISBN 978-7-111-74779-6
定价：58.00元

电话服务　　　　　　　　　　网络服务
客服电话：010-88361066　　　机 工 官 　网：www.cmpbook.com
　　　　　010-88379833　　　机 工 官 　博：weibo.com/cmp1952
　　　　　010-68326294　　　金 书 　　网：www.golden-book.com
封底无防伪标均为盗版　　机工教育服务网：www.cmpedu.com

前　言

　　党的二十大报告提出"加快建设制造强国、质量强国、航天强国、交通强国、网络强国、数字中国。"当下，大数据应用与创新正快速推进，为了满足大数据产业应用发展新需求，以及大数据产业高质量发展对高素质技术技能人才的需求，培养大数据分析与可视化人才，编者组织编写了本书。

　　本书主要面向数据可视化工程师职位，通过介绍Python、Matplotlib、Flask、ECharts以及Web前端技术（JavaScript、Vue），处理和分析爬取或采集下来的数据，并以各种图表的形式进行呈现和展示。数据可视化使人们可以通过直观方式洞悉蕴含在数据中的现象和规律，方便解释、预测、探索和决策。

　　本书特色如下：

　　1）本书采用"项目引领、任务驱动"方式编排，遵循在实践中运用相关理论的原则，实现"做中学、学中做"，理论以够用、实用为主，关键在于解决实际问题。

　　2）本书依据行业主流可视化技术，划分为3篇，包括Matplotlib数据可视化技术、ECharts数据可视化技术和动态数据可视化技术，难度逐渐增加，既兼顾了大数据主流可视化编程工具，又针对数据可视化工程师职位，体现了一定技术先进性。

　　3）本书与大数据职业技能竞赛、大数据分析与应用1+X（学历证书+若干职业技能等级证书）认证相关技术保持一致，实现了"岗课赛证"的融合。

　　4）本书在学习目标中强化素质目标，融入职业素养、安全意识、工匠精神等元素，在传授知识的同时注重立德树人。

　　5）本书每篇设计1或2个项目，每个项目相对独立、完整。每个项目又划分为若干任务，每个任务安排相关理论知识和实践内容。读者通过完成每个任务，逐步学习各种主流可视化技术，掌握数据可视化的概念、目标、特征和流程等基础知识，掌握数据可视化设计方法，能够使用常见图表类型进行可视化呈现，并根据可视化结果撰写分析报告。

　　本书的重点是使读者学会设计可视化方案、完成可视化展示和撰写分析报告，适应数据可视化、前端开发、数据分析挖掘等相关职位的要求。

本书教学学时建议如下：

篇	项　目	操 作 学 时	理 论 学 时
第1篇　Matplotlib数据可视化技术	项目1　影评数据分析与可视化	8	4
第2篇　ECharts数据可视化技术	项目2　数码产品销售数据ECharts可视化	12	4
	项目3　电器产品销售数据ECharts进阶可视化	12	4
第3篇　动态数据可视化技术	项目4　高校招生就业数据分析与可视化	12	8
	项目5　招聘数据分析与可视化	8	8
合计		52	28

　　本书由吴勇、唐文芳任主编，廖坚、聂拓、彭军、刘艳华、姚羽轩参与编写。其中，唐文芳、姚羽轩编写了项目1，吴勇、唐文芳编写了项目2，吴勇、聂拓、刘艳华编写了项目3，吴勇、廖坚编写了项目4，吴勇、彭军编写了项目5。感谢湖南智擎科技有限公司在本书编写过程中提供的部分技术支持和真实案例。

　　由于编者水平有限，书中难免存在疏漏之处，欢迎读者批评指正。

编　者

目 录

前言

Matplotlib数据可视化技术

项目1 影评数据分析与可视化

项目概述

随着移动互联网和智能设备的不断发展，人们的生活质量在不断提高，观众可以通过互联网在线对电影评价评分。随着大数据时代的到来，电影上映后会产生大量电影评论数据，如何为电影整体评价提供一些有价值的信息成为影评分析的需求。

本项目从某电影网站采集了电影《流浪地球》的部分评论数据，包括城市、影评内容、评分、评论时间、评论点赞数等，根据采集的数据对电影评论的数量、点赞数和评分三个方面进行分析，完成数据分析可视化，给对科幻电影感兴趣的观影者、电影投资者提供一些参考。

学习目标

- 培养严谨认真的态度，养成规范编程的习惯。
- 培养数据安全意识，培养遵守法律、爱岗敬业意识。
- 培养信息检索能力。
- 熟悉Matplotlib绘图流程。
- 掌握各种常见绘图函数、添加标签文本函数的使用方法。
- 掌握创建画布、子图函数的使用方法。
- 掌握分词和词云图的使用方法。
- 能够使用pyplot模块绘制折线图、柱状图、饼图、散点图和直方图。
- 能够使用分词工具，并绘制词云图。
- 能够根据需要，给图形添加各种标签、文本。

思维导图

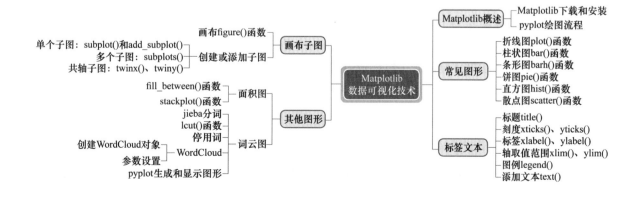

任务1 分析电影评论数量

任务描述

本任务从评论日期、评论者所在城市和星级评分三个方面来分析电影评论数量。通过绘制折线图、柱状图和饼图，对电影评论数量的情况进行对比分析，这有利于全面挖掘该电影的口碑、观影热度、观众对电影的理解等信息，为观众提供观影参考。

爬取的数据存储在CommentInfo.csv文件中（该文件的encoding为"gbk"），其中有480条关于电影《流浪地球》的评论数据。电影评论数据结构见表1-1-1。

表1-1-1 电影评论数据结构

citys	content	evaluate	labs	name	scores	times	user_info	votes
['北京']	一个悲伤的故事：地球都要流浪了……	推荐	看过	××电影	['40']	2019/2/5 0:24	['185573840 ', ' 2018-10-07加入']	35161

数据字段说明见表1-1-2。

表1-1-2 数据字段说明

序　号	字　段　名	说　　明
1	citys	城市名称
2	content	评论内容
3	evaluate	评论等级
4	labs	是否看过
5	name	电影名称
6	scores	评论评分
7	times	评论时间
8	user_info	用户信息
9	votes	评论点赞数

任务分析

本任务从CommentInfo.csv文件中读取数据，根据不同需求，使用Matplotlib绘制电影评论数量分布情况图。

1）根据评论时间字段times提取日期（只提取年月日）数据并统计出各日期的评论数量，绘制折线图，显示评论数量随日期的变化情况。

2）根据城市名称字段citys统计出各城市评论数量，取出评论数量前十的数据，绘制柱状图，显示前十个城市评论数据的情况。

3）根据评论评分字段scores绘制饼图，显示星级评论数量占比情况。

🔵 知识准备

1. Matplotlib概述

Matplotlib是一款用于数据可视化的Python软件包，支持跨平台运行，它能让使用者很轻松地将数据图形化，并且提供多样化的输出格式，可以绘制线图、散点图、等高线图、条形图、柱状图、3D图形，甚至图形动画等。

（1）数据可视化

数据可视化使用图表来表示数据，利用数据分析和开发工具发现其中未知的信息，将数据通过图表的方式传递出来，让用户能够快速、准确地理解所要表达的信息，从而提高沟通效率。

常用的数据可视化图有直方图、柱状图、折线图、散点图、饼图等，如图1-1-1所示。

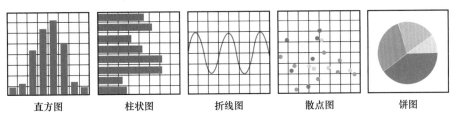

图1-1-1 常用的数据可视化图

现在很多工具都可以做数据可视化，常用的工具有Excel、SAS、Python、R、ECharts等。Matplotlib库就是一个基于Python语言的可视化库。

Matplotlib提供了一套面向绘图对象编程的API，能够很轻松地绘制各种图像，并且它可以配合Python GUI工具（如PyQt、Tkinter等）在应用程序中嵌入图形。Matplotlib也支持以脚本的形式嵌入IPython shell、Jupyter笔记本、Web应用服务器中使用。

（2）Matplotlib的下载和安装

Matplotlib是Python的第三方绘图库，可以使用pip包管理器安装，代码如下：

```
pip install matplotlib
```

导入执行不报错即安装成功。使用Matplotlib绘图需要导入pyplot模块，使用的时候一般取别名为plt，导入代码如下：

```
import matplotlib.pyplot as plt
```

（3）pyplot绘图流程

pyplot（简写为plt）绘图之前需要完成模块的导入和绘图数据的准备，绘图流程如下：

第1步：导入模块。导入pyplot模块以及其他用到的模块。

第2步：准备数据。可以从文件中读取，或者创建数组、列表数据。

第3步：画布子图。不是必需的，plt默认会创建。如果需要改变画布或绘制多个子图，则需要创建。

第4步：绘制图形。根据准备的数据，使用plt的绘图函数完成绘图。绘图有默认的样式，比如演示、形状、标记等，也可通过设置样式让图变得更加符合需求，增加视觉美感，这里不是必需的。

第5步：添加标签。不是必需的，但为了提高图的可读性，一般对绘制的图表添加标题、轴标签、刻度数据、文本标签等信息。

第6步：保存显示。绘制完成的图表，可以保存为一张图片，也可以通过运行程序直接显示出来。

下面就按照上面的步骤，通过以下示例来学习。

示例：绘制一个简单的折线图，代码如下：

```
1. import matplotlib.pyplot as plt  # 导入模块
2. import numpy as np
3. x = np.arange(10)                 # 准备数据
4. y = x**2
5. plt.plot(x,y)                     # 绘制图形
6. plt.show()                        # 显示图形
```

plt在画布上调用plot()函数绘制折线图。plot()函数在后面会详细讲解。折线图运行结果如图1-1-2所示。

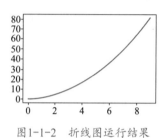

图1-1-2　折线图运行结果

如果需要保存图像，比如保存在D盘根目录下，名字为one.png，在plt.show()的前面添加plt.savefig('D:\one.png')即可。运行后，在D盘查看，代码如下：

```
1. plt.savefig('D:\one.png')  # 保存图像
2. plt.show()                 # 显示图像
```

2. 折线图、柱状图和饼图

pyplot模块提供了不同的函数用于快速绘制各种图形。

（1）折线图

折线图是以折线的上升或下降来表示统计数量增减变化的统计图，它可以直观地反映数据的变化趋势。pyplot模块中plot()函数一般用于绘制线条，包括折线和直线。官网给出的语法格式如下：

matplotlib.pyplot.plot(*args, scalex=True, scaley=True, data=None, **kwargs)

主要的两种调用方式如下：

plot([x], y, [fmt], *, data=None, **kwargs)
plot([x], y, [fmt], [x2], y2, [fmt2], …, **kwargs)

常用参数含义如下：

[x]：x轴数据，可以是列表或者数组，可选项。

y：y轴数据，可以是列表或者数组。

[fmt]：字符串形式，定义基本格式（如颜色、标记和线条样式）。

[x2], y2, [fmt2], …：在一个坐标轴区域可以绘制多条折线图。

**kwargs常用的参数如下：

　　color：线条颜色。

　　linestyle：线条样式（类型）。

　　marker：绘制点的标记。

　　alpha：表示点的透明度，接收0～1之间的小数。

示例：显示A类产品季度销售数量，通过plot()函数绘制折线图，代码如下：

```
1. import matplotlib.pyplot as plt
2. import numpy as np
3. x=np.array([1,2,3,4])
4. y=2*x
5. plt.plot(x,y)  # 绘制直线
6. plt.show()
```

以上代码绘制了一条直线，运行结果如图1-1-3所示。

plot()函数可以接收多组数据，在一个坐标系中绘制多条折线。

示例：显示A类和B类产品季度销售数量，代码如下：

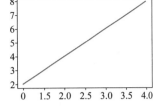

图1-1-3 绘制一条直线运行结果

```
1. import matplotlib.pyplot as plt
2. import numpy as np
3. x=np.array([1,2,3,4])
4. y=2*x
5. plt.plot(x,y)
6. plt.plot(x,y*x)    #绘制第二条折线
7. plt.show()
```

以上代码绘制了两条折线，运行结果如图1-1-4所示。

第5行、第6行代码绘制的两条折线，也可以使用如下代码：

```
plt.plot(x,y,x,y*x)    #绘制两条折线
```

示例：给线条设置颜色、样式和标记，代码如下：

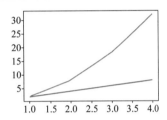

图1-1-4 绘制两条折线运行结果

```
1. import matplotlib.pyplot as plt
2. import numpy as np
3. x=np.array([1,2,3,4])
4. y=2*x
5. plt.plot(x,y,color='g',linestyle='-',marker='d')    #设置颜色、样式和标记
6. plt.plot(x,y*x,'r-o')    #设置颜色、样式和标记的简写形式
7. plt.show()
```

添加了线条颜色、样式和标记后，运行结果如图1-1-5所示。

第5行、第6行代码绘制的两条折线，也可以使用如下代码：

```
plt.plot(x,y,'g-.d',x,y*x,'r-o')
#绘制了两条折线，同时设置颜色、样式和标记
```

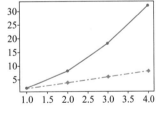

图1-1-5 线条设置运行结果

线条常用参数说明见表1-1-3。

表1-1-3 线条常用参数说明

参 数 名	解 释	取 值
linewidth	线条宽度	取0~10之间数值，默认1.5
linestyle	线条样式	'-'、'--'、'-.'、':'，默认'-'
marker	点的形状	'.'、'D'、'o'、'v' 等，默认None
markersize	点的大小	取0~10之间的数值，默认1

颜色、样式和标记常用值及说明见表1-1-4～表1-1-6。

表1-1-4 颜色常用值及说明

颜 色 值	说 明	颜 色 值	说 明
r(red)	红色	c(cyan)	青绿色
g(green)	绿色	m(magenta)	洋红色
b(blue)	蓝色	k(black)	黑色
y(yellow)	黄色	w(white)	白色
'#008800'	RGB颜色	'#080'	RGB颜色

表1-1-5 样式常用值及说明

线 型 值	说 明	线 型 值	说 明
'-'	实线	'-.'	点画线
'- -'	破折线	':'	虚线

表1-1-6 标记常用值及说明

标 记 值	说 明	标 记 值	说 明
'.'	点标记	'p'	五边形标记
'D'	菱形标记	's'	正方形标记
'o'	实心圈标记	'*'	星号标记
'v'	倒三角标记	'\'	竖线标记
'^'	上三角标记	'h'	六边形标记
'>'	右三角标记	'8'	八变形标记
'<'	左三角标记	'+'	加号标记

（2）柱状图

柱状图是一种用矩形柱来表示数据分类的图表，柱状图可以垂直绘制，也可以水平绘制（水平绘制叫条形图）。柱状图显示了不同类别之间的比较关系，它由一系列高度不等的纵向条纹表示数据分布的情况。图表的水平轴x表示被比较的类别，垂直轴y则表示具体的类别值。

pyplot模块中的bar()函数用于绘制柱状图，barh()函数用于绘制条形图。语法格式如下：

```
matplotlib.pyplot.bar(x, height, width=0.8, bottom=None, *, align='center', data=None, **kwargs)
matplotlib.pyplot.barh(y, width, height=0.8, left=None, *, align='center', **kwargs)
```

常用参数含义如下：

x：代表x轴数据。

y：代表y轴数据。

height：矩形柱的高度。

width：可选参数，矩形柱的宽度。

bottom：可选参数，y坐标默认为None。

left：可选参数，x坐标默认为None。

align：矩形柱与x或y坐标的对齐方式，有两个可选项，即center和edge。center以x或y位置为中心，这是默认值。edge将柱形图的左边缘与x或y位置对齐。要对齐右边缘的条形，则可以传递负数的宽度值及 align='edge'。

color：矩形柱的颜色。

edgecolor：矩形柱边框的颜色。

示例：显示2022年不同种类（A、B、C、D）的销售数量，通过bar()函数绘制柱状图，代码如下：

```
1.  import matplotlib.pyplot as plt
2.  types =['A','B','C','D']
3.  count = [120,200,145,280]
4.  plt.bar(types,count)
5.  plt.show()
```

运行结果如图1-1-6所示。

示例：显示2022年、2021年不同种类（A、B、C、D）的销售数量，同一x轴位置绘制多个柱状图，代码如下：

```
1.  import matplotlib.pyplot as plt
2.  types =['A','B','C','D']
3.  count =[[120,200,145,280],[160,210,100,300]]
4.  plt.bar(types,count[0])
5.  plt.bar(types,count[1],bottom=count[0])  # 设置bottom值为第一个图的高度
6.  plt.show()
```

以上代码实现的图形也叫堆叠柱状图，通过设置第二个柱状图矩形柱的bottom为第一个柱状图矩形柱的高度来实现。运行结果如图1-1-7所示，第一个柱状图（2022年）为蓝色，第二个柱状图（2021年）为橙色。

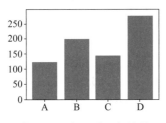

图1-1-6　柱状图运行结果

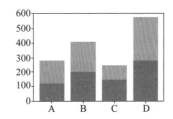

图1-1-7　多个柱状图运行结果

示例：显示2022年、2021年不同种类（A、B、C、D）的销售数量，使用barh()函数绘制条形图和堆叠条形图，代码如下：

```
1.  import matplotlib.pyplot as plt
2.  types =['A','B','C','D']
3.  count =[[120,200,145,280],[160,210,100,300]]
4.  plt.barh(types,count[0])           # barh()函数绘制条形图
5.  plt.barh(types,count[1],left=count[0])   # 设置left值为第一个条形图的宽度
6.  plt.show()
```

以上代码将第二个条形图横向矩形的left设置为第一个条形图矩形的宽度，运行结果如图1-1-8所示。第一个条形图（2022年）为蓝色，第二个条形图（2021年）为橙色。

多柱状图是通过在一个坐标系下绘制多个柱状图来实现的，表现形式有堆叠柱状图（见图1-1-7）和并列柱状图（见图1-1-9）。堆叠柱状图是通过改变bottom或者left参数的值来实现的，并列柱状图是通过修改x轴的数据，从而改变条柱的位置来实现的，下面实现一个并列柱状图。

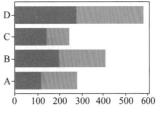

图1-1-8　条形图运行结果

示例：使用并列柱状图显示2022年、2021年不同种类（A、B、C、D）的销售数量，代码如下：

```
1.  import matplotlib.pyplot as plt
2.  import numpy as np
3.  types=['A','B','C','D']
4.  count=[[120,200,145,280],[160,210,100,300]]
5.  x=np.arange(len(types))
6.  w=0.3                    # 条柱宽度
7.  plt.bar(x,count[0],width=w)
8.  plt.bar(x+w,count[1],width=w)  # 第二个图，x+w改变x轴位置，相当于向右移动了条柱宽度
9.  plt.xticks(x+w/2,types)
10. plt.show()
```

以上代码实现的就是并列柱状图，通过修改第二个柱状图x轴的数据增加了条柱宽度，相当于右移了条柱的宽度，运行结果如图1-1-9所示。第一个柱状图（2022年）为蓝色，第二个柱状图（2021年）为橙色。

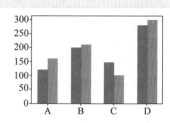

图1-1-9　并列柱状图运行结果

（3）饼图

饼图用来显示一个数据系列，具体来说，饼图显示一个数据系列中各项目占项目总和的百分比。饼图可以清楚地反映部分与部分、部分与整体之间的比例关系，能直观地显示每组数据相对于总数的大小和占比情况。

pyplot模块中的pie()函数用以绘制饼状图，语法格式如下：

matplotlib.pyplot.pie(x, explode=None, labels=None, colors=None, autopct=None, pctdistance=0.6, shadow=False, labeldistance=1.1, startangle=0, radius=1, counterclock=True, wedgeprops=None, textprops=None, center=(0, 0), frame=False, rotatelabels=False, *, normalize=True, data=None)

常用参数含义如下：

x：绘制饼图的数据。

explode：数组，表示各个扇形之间的间隔，默认值为0。

labels：各扇形标签。

colors：各扇形颜色，默认值为None。

autopct：格式化字符串"fmt%pct"，使用百分比的格式设置每个扇形区的标签，并将其放置在扇形区内。

labeldistance：标签标记的绘制位置，相对于半径的比例，默认值为1.1，如小于1则绘制在饼图内侧。

pctdistance：类似于labeldistance，指定autopct的位置刻度，默认值为0.6。

shadow：布尔值True或False，设置饼图的阴影，默认值为False，不设置阴影。

radius：设置饼图的半径，默认值为1。

startangle：起始绘制饼图的角度，默认从x轴正方向逆时针画起，如设定为90则从y轴正方向画起。

wedgeprops：字典类型，默认值为None。传递给wedge对象的字典参数，用来画一个饼图。例如：wedgeprops={'linewidth':5}，表示设置wedge线宽为5。

textprops：字典类型，默认值为None。传递给text对象的字典参数，用于设置标签（labels）和比例文字的格式。

示例：显示2022年不同种类（A、B、C、D）的销售数量的占比情况，通过pie()函数绘制饼图，代码如下：

```
1.  import matplotlib.pyplot as plt
2.  types =['A','B','C','D']
3.  count =[120,200,145,280]
4.  plt.pie(x=count,          # 饼图数据
5.      labels=types,          # 扇形标签
6.      autopct='%.2f%%')  # 扇形百分比标签
7.  plt.show()
```

autopct参数设置为%.2f%%，表示保留两位小数，并将各类型占总体的百分比显示在相对应的扇形区内。运行结果如图1-1-10所示。

示例：通过其他参数的设置，实现饼图阴影效果、改变扇形的间隔、绘制饼图起始的角度等，代码如下：

```
1.  import matplotlib.pyplot as plt
2.  types =['A','B','C','D']
3.  count =[120,200,145,280]
4.  plt.pie(x=count,labels=types,autopct='%.2f%%',
5.      explode=[0,0,0,0.1],        # 设置扇形间隔
6.      shadow=True,                # 设置扇形阴影
7.      startangle=90,              # 设置饼图起始的角度
8.      textprops={'color':'y','fontweight':'bold'})  # 设置文本加粗颜色为黄色
9.  plt.show()
```

运行结果如图1-1-11所示。

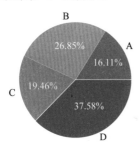

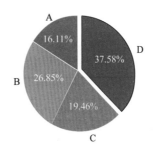

图1-1-10 饼图运行结果　　　　图1-1-11 设置饼图运行结果

3. 画布

plt绘制图形时，会默认拥有Figure对象和Axes对象。可以将Figure对象理解为画布，Axes对象表示坐标轴区域，可以将其理解为子图，真正绘图的区域。如果要改变画布的默认设置，可通过figure()函数创建画布，figure()函数语法如下：

matplotlib.pyplot.figure(num=None, figsize=None, dpi=None, facecolor=None, edgecolor=None, frameon=True, FigureClass=<class 'matplotlib.figure.Figure'>, clear=False, **kwargs)

主要参数含义如下：

num：图形的唯一标识符。整数表示编号，字符串表示名称。如果具有该标识符的图形已经存在，则激活并返回该图形。如果没有提供该参数，则plt会创建一个新图形，且这个图形的编号会增加。

figsize：设置画布的大小，值为宽度和高度的元组，单位为英寸（in，1in=2.54cm）。

dpi：设置图形的分辨率。

facecolor：设置画布的背景颜色。

edgecolor：设置画布的边框颜色。

frameon：是否显示边框。默认为True。

FigureClass：自定义图形对象。

clear：若设为True且该图形已存在，则该图形会被删除。默认为False。

示例：通过figure()函数创建画布，并在画布上绘图，代码如下：

```
1.  import matplotlib.pyplot as plt        # 导入模块
2.  import numpy as np
3.  x = np.arange(10)                      # 准备数据
4.  y = x**2
5.  plt.figure(figsize=(8,4),facecolor='#ccc')   # 创建画布
6.  plt.axes(facecolor='pink')             # 创建子图
7.  plt.plot(x,y)                          # 绘制图形
8.  plt.show()                             # 显示图形
```

本示例用figure()函数创建画布，大小为8×4，背景颜色为浅灰色。通过axes()函数创建子图，并设置背景颜色为粉色。在新建的画布上绘制图形，运行结果如图1-1-12所示。创建子图的方法在后面详解。

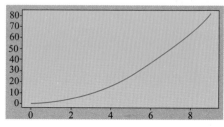

图1-1-12　figure()绘图运行结果

4. 各类标签

前面绘制的各种图形，没有标题、没有坐标名称、没有图例说明等，会让人觉得不易理解，也会产生一些歧义。plt可以通过添加各类标签使图形的可读性更强。常用的标签函数见表1-1-7。

表1-1-7　plt常用的标签函数

函 数 名 称	说　明
title	设置当前图形的标题，可指定名称、位置、颜色、字体大小等
xlabel	设置当前图形x轴的标签名称，可指定位置、颜色、字体大小等
ylabel	设置当前图形y轴的标签名称，可指定位置、颜色、字体大小等
xlim	设置或获取当前图形x轴的数值范围
ylim	设置或获取当前图形y轴的数值范围
xticks	设置x轴的刻度数据和取值
yticks	设置y轴的刻度数据和取值
legend	设置当前图形的图例，可指定图例的大小、位置、标签

以上函数之间为并列关系，没有先后之分。既可以在绘制图形之前添加标签，也可以在之后添加；legend()函数只能在绘制完图形之后添加。

示例：添加标题、坐标名称、刻度和值、图例等，代码如下：

```
1.  import matplotlib.pyplot as plt
2.  import numpy as np
3.  # 常用设置
4.  plt.rcParams['font.sans-serif'] = ['SimHei']        # 设置显示中文字体
```

```
5.  plt.rcParams['axes.unicode_minus'] = False    # 设置正常显示符号
6.  # 准备数据
7.  x=np.array([1,2,3,4])
8.  y=2*x
9.  # 绘制图形
10. plt.plot(x,y,color='g',linestyle='-',marker='d')  # 设置颜色、样式和标记
11. plt.plot(x,y*x,'r-o')  # 简写形式
12. # 添加标签和图例
13. plt.title('商品季度销售情况折线图',fontsize=14)  # 标题名、大小
14. plt.ylabel('销量')                          # y轴标签名
15. plt.legend(['A类产品','B类产品'])            # 图例
16. plt.xticks(x,['第一季度','第二季度','第三季度','第四季度'])   # x轴刻度和值
17. # 显示图形
18. plt.show()
```

标签信息是用中文显示的，以上第4行、第5行代码通过rcParams设置字体为SimHei来显示中文，能处理中文乱码问题。运行结果如图1-1-13所示。

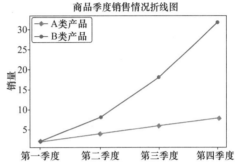

图1-1-13　添加信息运行结果

5. 文本

pyplot模块中的text()函数用来在绘图区域的任意位置添加文本。语法格式如下：

matplotlib.pyplot.text(x, y, s, fontdict=None, **kwargs)

常用参数含义如下：

x，y：放置文本的坐标，浮点数，必备参数。

s：文本，字符串，必备参数。

fontdict：字体属性字典，用于覆盖默认文本的字体属性。默认值为None，应用rcParams中的字体属性。可选参数。

**kwargs：文本属性。

示例：在绘图区域的指定位置显示文本"Hello World"，代码如下：

```
1.  import matplotlib.pyplot as plt
2.  plt.xlim(0,10)
3.  plt.ylim(0,10)
4.  plt.text(5,5,'Hello World',color = 'green', fontsize = 15)  # 添加文本
5.  plt.show()
```

以上代码设置了x和y轴的范围，都是0～10，通过text()函数在（5，5）的位置添加了文本Hello World，并设置了颜色和大小，运行结果如图1-1-14所示。

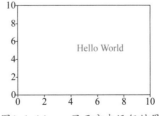

图1-1-14　显示文本运行结果

示例：给折线图的点添加文本，值为该点所对应的y轴的值，代码如下：

```
1.  import matplotlib.pyplot as plt
2.  x=[1,2,3,4]
```

```
3.  count = [40,60,100,85]
4.  plt.plot(x,count)    # 绘制折线图
5.  plt.xticks(x)
6.  for i in range(len(count)):
7.      plt.text(x[i]+0.05,count[i],count[i]) # 添加文本
8.  plt.show()
```

以上代码通过for循环，给每个点都设置了文本，运行结果如图1-1-15所示。

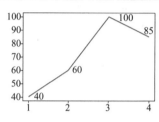

图1-1-15　添加文本运行结果

任务实施

子任务1　影评数量随日期变化的情况分析

本任务需要使用Pandas从CommentInfo.csv文件中读取数据，从评论时间字段times提取日期（只提取年月日）数据并统计出各日期的评论数量。根据所统计出各日期的评论数量使用Matplotlib绘制折线图，要求横轴为日期，纵轴为日期对应的电影评论数量，从而显示各日期的评论数量以及变化趋势。

任务实施步骤如下：

1. 编写代码

步骤1：初始工作。导入相关包，Pandas从CommentInfo.csv文件中读取电影评论数据，设置Matplotlib绘图的常用参数值。

步骤2：统计各日期的评论数量。提取评论时间的日期信息，并统计各日期电影评论数量。

步骤3：绘制折线图。使用Matplotlib绘制折线图，横轴为日期，纵轴为日期所对应的电影评论数量，显示各日期的评论数量以及变化趋势。

```
1.  import matplotlib.pyplot as plt
2.  import pandas as pd
3.  import numpy as np
4.  data=pd.read_csv(r"datasource/CommentInfo.csv",encoding='gbk') # 读取数据，编码为gbk
5.  plt.rcParams['font.sans-serif'] = ['SimHei'] # 设置显示中文字体
6.  plt.rcParams['axes.unicode_minus'] = False # 设置正常显示符号
7.  plt.rcParams['font.size'] = 14  # 设置字体大小
8.  num_date=data['times'].apply(lambda x:x.split(' ')[0]) # 只保留日期时间中的日期
9.  num_date=num_date.value_counts() # 统计同一日期的评论数量
10. num_date=num_date.sort_index()   # 排序
11. plt.figure(figsize=(12,4)) # 创建画布
12. plt.plot(range(len(num_date)),num_date) # 绘制折线图
13. plt.xticks(range(len(num_date)),num_date.index,rotation=90) # 添加x轴刻度和值
14. plt.title('评论数量随日期变化情况') # 设置标题
15. plt.ylabel('评论数')  # 设置y轴标签名
16. plt.show() # 显示图形
```

以上代码创建了12×4的画布，在画布上通过plot()函数绘制了折线图，设置了图的标题、x轴和y轴标签、x轴刻度和值，最后通过show()函数显示图形。

2. 代码执行效果

本任务代码的运行结果如图1-1-16所示。

通过绘制折线图可以发现评论数量出现了三个小高峰，分别在1月20日（周日）、1月28日（周一）和2月4日（周一，除夕），符合休息时间观影规律，评论稍微滞后属正常现象。2月5日到达最高峰，之后评论数量越来越少，说明该电影的观影热度在逐渐降低。

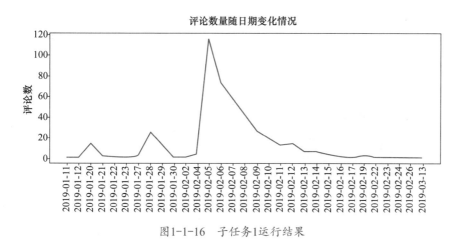

图1-1-16　子任务1运行结果

子任务2　影评数量最多的十个城市情况分析

本任务需要使用Pandas从CommentInfo.csv文件中读取数据，统计各城市评论数量。根据所统计各城市评论数量，使用Matplotlib绘制柱状图，要求横轴为城市，纵轴为城市对应的电影评论数量，显示评论数量最多的十个城市的情况。

任务实施步骤如下：

1. 编写代码

```
1.  import matplotlib.pyplot as plt
2.  import pandas as pd
3.  import numpy as np
4.  data=pd.read_csv(r"datasource/CommentInfo.csv",encoding='gbk') # 读取数据，编码为gbk
5.  plt.rcParams['font.sans-serif'] = ['SimHei'] # 设置显示中文字体
6.  plt.rcParams['axes.unicode_minus'] = False # 设置正常显示符号
7.  plt.rcParams['font.size'] = 14  # 设置字体大小
8.  city=data['citys'].apply(lambda x: x[2:-2])
9.  city =pd.Series(['未知城市' if i=='' else i for i in city])
10. city=city.value_counts()[:10]
11. plt.figure(figsize=(12,4)) # 创建画布
12. plt.bar(range(10),city) # 绘制柱状图
13. plt.xticks(range(10),city.index, rotation=45) # 添加x轴刻度和值
14. plt.title('豆瓣电影《流浪地球》评论数量最多的十个城市') # 设置标题
15. plt.ylabel('评论数') # 设置y轴标签名
16. for i,j in enumerate(city):
17.     plt.text(i,j,j,ha='center',va='bottom')# 设置文本
18. plt.savefig('豆瓣电影《流浪地球》评论数量最多的十个城市.png') # 保存图像
19. plt.show() # 显示图形
```

步骤1：初始工作。导入相关包，Pandas从CommentInfo.csv文件中读取电影评论数据，设置Matplotlib绘图常用参数值。

步骤2：统计并取出评论数量最多的十个城市。

步骤3：绘制柱状图。横轴为城市，纵轴为城市对应的电影评论数量，显示评论数量最多的十个城市。

以上代码创建了12×4的画布，在画布上通过bar()函数绘制了柱状图，并设置了图的标题、y轴标签、x轴刻度和值，利用text()函数添加文本以显示出每个条柱表示的评论数，最后通过savefig()函数保存图像、show()函数显示图形。

2. 代码执行效果

本任务代码的运行结果如图1-1-17所示。

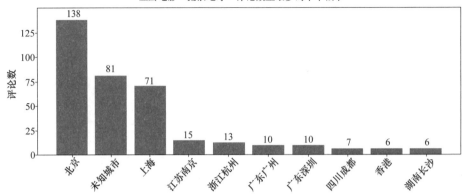

图1-1-17　子任务2运行结果

评论数量最多的两个城市是北京和上海，说明这两个城市的观影人数相对来说也是最多的。其他城市的评论数量基本在10左右，观影人数相对较少一些。从前十城市分布来看，观影人数主要分布在大城市如北京、上海、广州、深圳，沿海经济发达城市如南京、杭州，休闲娱乐业发展较好的城市如成都、长沙。

子任务3　评分星级数量占比情况分析

本任务需要使用Pandas从CommentInfo.csv文件中读取数据，从评论评分字段scores统计各评分的评论数量。根据统计出的各评分星级数量，使用Matplotlib绘制饼图，显示各星级评分的占比情况。

任务实施步骤如下：

1. 编写代码

步骤1：初始工作。导入相关包，Pandas从CommentInfo.csv文件中读取电影评论数据，设置Matplotlib绘图的常用参数值。

步骤2：统计各评分的评论数量。

步骤3：绘制饼图，显示各评分的占比情况。

```
1. import matplotlib.pyplot as plt
2. import pandas as pd
3. import numpy as np
4. data=pd.read_csv(r"datasource/CommentInfo.csv",encoding='gbk')  # 读取数据，编码为gbk
5. plt.rcParams['font.sans-serif'] = ['SimHei']  # 设置显示中文字体
6. plt.rcParams['axes.unicode_minus'] = False  # 设置正常显示符号
7. plt.rcParams['font.size'] = 14  # 设置字体大小
8. score=data['scores'].value_counts()  # 统计各评分数量
9. score=score.sort_index()  # 按照索引排序
10. plt.figure(figsize=(6,6))  # 创建画布
11. plt.pie(score, autopct="%.2f %%", labels=['一星评分','二星评分','三星评分','四星评分','五星评分','无评分'])  # 绘制饼图
12. plt.title('《流浪地球》豆瓣短评星级评论数量占比情况')  # 设置标题
13. plt.show()  # 显示图形
```

以上代码创建了6×6的画布，在画布上通过pie()函数绘制了饼图，设置了图的标题、各扇形的标签，评分从高到低各扇形的标签为五星、四星、三星、二星和一星，没有评分的则标识为无评分。最后通过show()函数显示图形。

2. 代码执行效果

本任务代码的运行结果如图1-1-18所示。

三星、四星和五星评分占比比较高，说明电影的整体评分较高，这是值得观看的一部电影。一星、二星评分占比达到26.88%，说明电影差评也值得重视。

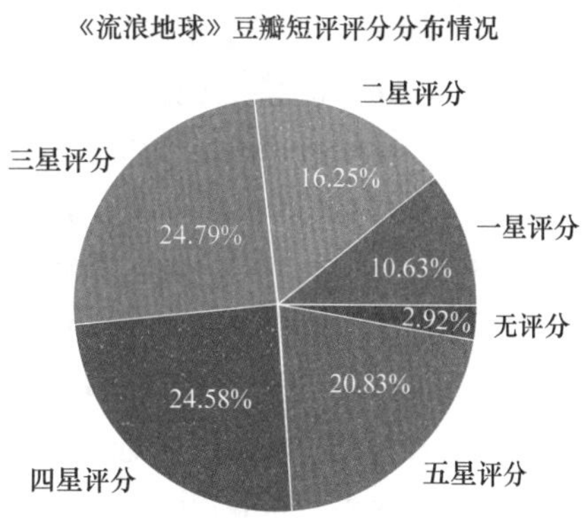

《流浪地球》豆瓣短评评分分布情况

图1-1-18　子任务3运行结果

任务2　分析电影评论点赞数

任务描述

本任务从评论点赞数分布、评论点赞数对应星级、点赞数日期三个方面来分析电影评论点赞数。通过绘制直方图、箱形图、散点图和折线图对电影评论点赞数情况进行分布分析、对比分析，以便全面了解该电影的口碑、观影热度、观众对电影的理解等信息，为观众提供观影参考。

任务分析

本任务从CommentInfo.csv文件中读取数据，根据不同需求使用Matplotlib绘制电影评论点赞数情况图。

1）根据评论点赞数字段votes绘制直方图，显示评论点赞数分布情况。

2）根据评论点赞数字段votes和评分字段scores绘制箱形图，显示评论点赞数星级分布情况。

3）根据评论日期字段times和点赞数字段votes绘制散点图和折线图，显示评论点赞数、评论数量随日期变化情况。

🔵知识准备

1. 子图

一个画布上默认有一个子图，Matplotlib图像组成如图1-2-1所示。可以将Figure对象理解为画布；Axes对象表示坐标轴区域，可以认为是子图，也是真正绘图的区域。可以创建画布，也可以在一个画布上添加多个子图。Figure对象允许划分多个绘图区域，每个区域都是一个Axes对象，每个Axes对象都拥有自己的坐标系，即子图。Figure对象与Axes对象之间的关系如图1-2-2所示。

在画布上添加子图的方法有很多，下面介绍如何使用plt的subplot()函数、subplots()函数和figure对象的add_subplot()方法创建、添加和选中子图。

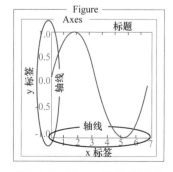

图1-2-1　Matplotlib图像组成

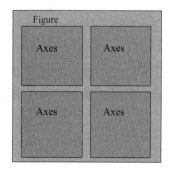

图1-2-2　Figure对象与Axes对象之间的关系

（1）创建和添加单个子图：subplot()函数和add_subplot()方法

matplotlib.pyplot模块提供的subplot()函数，以及Figure对象的add_subplot()方法，它们都可以均等地划分画布，语法格式如下：

```
matplotlib.pyplot.subplot(nrows, ncols, index, **kwargs)
add_subplot(nrows, ncols, index, **kwargs)
```

主要参数含义如下：

nrows与ncols：表示要划分nrows行ncols列的子区域（nrows×ncols表示子图数量）。

index：初始值为1，用来选定具体的某个子区域。

注意：nrows、ncols和index三个参数的值都小于10，可以把它们简写为一个实数。例如subplot(2,2,2)也可以用subplot(222)表示。下面进一步说明三个参数的使用。

如subplot(222)，前两个"2"表示在当前画布的右上角创建一个两行两列的绘图区域，规划子图个数为2×2个，如图1-2-3所示。最后一个"2"表示会选择在第二个位置绘制子图。

图1-2-3　Figure画布

示例：规划两个子图，并创建或添加两个子图，按照水平排列。代码如下：

```
1.  import matplotlib.pyplot as plt
2.  plt.subplot(121) #创建第一个子图
3.  plt.subplot(122,facecolor='c') #创建第二个子图
4.  plt.show()
```

或

```
1.  import matplotlib.pyplot as plt
2.  fig=plt.figure()
3.  fig.add_subplot(121) #添加第一个子图
4.  fig.add_subplot(122,facecolor='c') #添加第二个子图
5.  plt.show()
```

以上代码规划了两个子图，并创建或添加了两个子图，第二个子图背景颜色为青绿色。运行结果如图1-2-4所示。

示例：规划三个子图并创建两个子图，按照水平排列。代码如下：

```
1.  import matplotlib.pyplot as plt
2.  plt.subplot(131) #创建第一个子图
3.  plt.subplot(133,facecolor='c') #创建第三个子图
4.  plt.show()
```

以上代码规划了三个子图，创建了第一个和第三个子图，没有创建第二个子图，第三个子图背景颜色为青绿色。运行结果如图1-2-5所示。

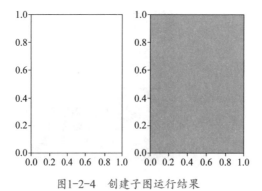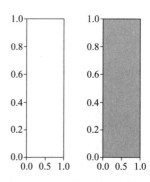

图1-2-4　创建子图运行结果　　　　图1-2-5　规划子图运行结果

以上两个示例说明，supplot()函数可以将Figure对象规划为多少个子图，但调用一次该函数只会创建一个子图。

以上两个示例都只是创建或添加了子图，接下来，就在每个子图上绘制图形。

示例：创建两个子图，并绘制折线图。代码如下：

```
1. import matplotlib.pyplot as plt
2. plt.plot([1,4,9,16])
3. plt.subplot(121) # 创建第一个子图
4. plt.plot([1,4,9,16]) # 在第一个子图上绘制折线图
5. plt.subplot(122,facecolor='y') # 创建第二个子图
6. plt.plot([1,4,9,16]) # 在第二个子图上绘制折线图
7. plt.show()
```

以上代码在两个子图上绘制了折线图。运行结果如图1-2-6所示。

示例：创建三个子图，第一行两个，第二行一个且宽度横跨第一行的两个子图。代码如下：

```
1. import matplotlib.pyplot as plt
2. plt.subplot(221)   # 规划了2*2个子图，创建了第一个子图
3. plt.plot([1,4,9,16])
4. plt.subplot(222,facecolor='y')  # 同样地规划2*2个子图，创建了第二个子图
5. plt.plot([1,4,9,16])
6. # 又规划了2*1个子图，创建了第二个子图，注意这个子图与前两个子图不重叠
7. plt.subplot(212)
8. plt.plot([1,4,9,16])
9. plt.show()
```

以上代码使用subplot()做了两个规划，创建了三个子图，且三个子图不重叠，都能正常显示出来，并在子图上绘制了折线图。运行结果如图1-2-7所示。

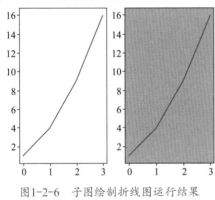

图1-2-6　子图绘制折线图运行结果

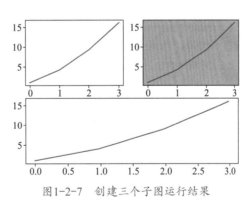

图1-2-7　创建三个子图运行结果

注意：如果创建或添加的子图与现有的子图重叠，则subplot()函数和add_subplot()函数的处理方法不同。subplot()函数会将重叠部分的子图自动删除，因为它们不可以共享绘图区域。add_subplot()函数会将重叠部分的子图覆盖。下面通过示例，更好地说明它们之间的区别。

示例：创建两个大小不同的子图，代码如下：

```
1. import matplotlib.pyplot as plt
2. plt.subplot(111)
3. plt.plot([1,2,3])
4. plt.subplot(222,facecolor='c')
5. plt.plot([1,2,3])
6. plt.show()
```

或

```
1. import matplotlib.pyplot as plt
2. fig = plt.figure()
3. ax1 = fig.add_subplot(111)
4. ax1.plot([1,2,3])
5. ax2 = fig.add_subplot(222, facecolor='c')
6. ax2.plot([1,2,3])
7. plt.show()
```

以上第一段代码运行结果如图1-2-8所示，第二段代码运行结果如图1-2-9所示。

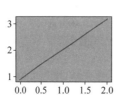

图1-2-8　第一段代码运行结果

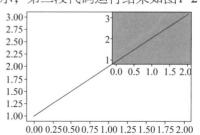

图1-2-9　第二段代码运行结果

（2）创建多个子图：subplots()函数

subplots()函数可以一次性创建多个子图，该函数的语法格式如下：

```
fig , ax = plt.subplots(nrows, ncols)
```

参数含义如下：

nrows与ncols：表示两个整数参数，它们指定子图所占的行数（nrows）、列数（ncols）。

函数的返回值是一个元组，包括一个图形Figure对象和所有Axes对象。其中Axes对象的数量等于nrows×ncols，且每个Axes对象均可通过索引值访问（从1开始）。

示例：创建一个2×2的子图，并在子图上绘制图形，代码如下：

```
1. import matplotlib.pyplot as plt
2. import numpy as np
3. x = np.arange(1,5)
4. # 创建四个子图
5. fig,ax = plt.subplots(2,2)
6. # 在选中的子图上绘制图形
7. ax[0][0].plot(x,2*x)
8. ax[0][1].plot(x,-2*x)
9. ax[1][0].plot(x,x**2)
10. ax[1][1].plot(x,-x**2)
11. plt.show()
```

以上代码通过subplots()函数将整个绘画区域划分为2×2的矩阵区域，即创建了4个子图，子图Axes对象通过ax元组被返回，使用索引获取元组中的每一个子图，获取后绘制图形，运行结果如图1-2-10所示。

2. 直方图

直方图用一系列高度不等的纵向线段来表示数据分布的情况。直方图的横轴表

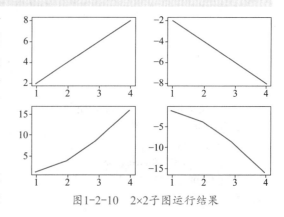

图1-2-10　2×2子图运行结果

示数据类型,纵轴表示分布情况。直方图用于概率分布,它显示了一组数值序列在给定数值范围内出现的概率;柱状图则用于展示各个类别的频数。

pyplot模块中的hist()函数用以绘制直方图,语法格式如下:

matplotlib.pyplot.hist(x, bins=None, range=None, density=False, weights=None, cumulative=False, bottom=None, histtype='bar', align='mid', orientation='vertical', rwidth=None, log=False, color=None, label=None, stacked=False, *, data=None, **kwargs)

常用参数含义如下:

x:必填参数,数组或者数组序列。

bins:绘制条柱的个数。可选参数,值为整数或者序列,如给定一个整数n,则返回n+1个条柱,默认n为10。

range:bins的范围(最大值和最小值)。

color:条柱的颜色,默认为None。

示例:显示A类产品不同价格区间的销售数量,通过hist()函数绘制直方图,代码如下:

```
1.  import matplotlib.pyplot as plt
2.  import numpy as np
3.  np.random.seed(10)
4.  data = np.random.randint(10,80,size=100)  #用于生成A类产品100次销售的价格
5.  plt.hist(data,bins=8,color='g')
6.  plt.show()
```

以上代码通过hist()函数绘制直方图,直方图显示了8个条柱,颜色为绿色,hist()运行结果如图1-2-11所示。

3. 箱形图

箱形图(Box-plot)又称为盒须图、盒式图或箱线图,是一种用于显示一组数据分散情况的统计图,因形状如箱子而得名。它能显示出一组数据的最大值、最小值、中位数以及上下四分位数,主要用于反映原始数据分布的特征,还可以进行多组数据分布特征的比较。

在箱形图中,从上四分位数到下四分位数绘制一个盒子,然后用一条垂直触须(形象地称为"盒须")穿过盒子的中间。上垂线延伸至上边缘(最大值),下垂线延伸至下边缘(最小值)。箱形图结构如图1-2-12所示。

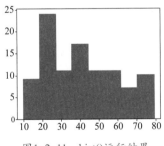

图1-2-11 hist()运行结果

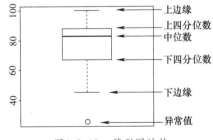

图1-2-12 箱形图结构

图1-2-12中标示了每条线所表示的含义,主要包含6个数据节点。一组数据按从大到小排列,分别计算出上边缘、上四分位数(Q3)、中位数、下四分位数(Q1)、下边缘,以及异常值。

pyplot模块中的boxplot()函数用以绘制箱形图，语法格式如下：

```
matplotlib.pyplot.boxplot(x, notch=None, sym=None, vert=None, whis=None, positions=None,
widths=None, patch_artist=None, bootstrap=None, usermedians=None, conf_intervals=None, meanline=None,
showmeans=None, showcaps=None, showbox=None, showfliers=None, boxprops=None, labels=None,
flierprops=None, medianprops=None, meanprops=None, capprops=None, whiskerprops=None, manage_ticks=
True, autorange=False, zorder=None, *, data=None)
```

常用参数含义如下：

x：必填参数，绘制箱形图的数据，可以是数组或者数组序列。

notch：布尔类型，默认为False，表示是否以凹口的形式展现箱形图，默认非凹口形式。

sym：str字符串类型，指定异常点的形状，默认为"+"号显示。

vert：布尔类型，默认为True。表示是否需要将箱形图垂直摆放，默认垂直摆放。

widths：指定箱形图的宽度，默认为0.5。

labels：为箱形图添加标签，类似于图例的作用。

flierprops：字典类型，设置异常值的属性，如异常值展现的形状、大小、填充色等。

示例：A产品2022年和2021年销售价格情况分析，通过boxplot()函数绘制箱形图，代码如下：

```
1.  import matplotlib.pyplot as plt
2.  data = [[24,22,25,26,24,24,26,30,25,22,28,28],
3.      [25,28,24,24,25,24,26,28,21,22,24,26]]
4.  plt.boxplot([data[0],data[1]],labels=['2021','2022'])  #绘制箱形图
5.  plt.grid()
6.  plt.show()
```

以上代码绘制了箱形图，分别表示A产品2022年和2021年产品销售价格分布情况，运行结果如图1-2-13所示。

4. 散点图

散点图用于在水平轴和垂直轴上绘制数据点，用点表示变量之间的关系。它可以展现因变量随自变量变化的趋势，用于观察变量之间的关系。

pyplot模块中的scatter()函数用于绘制散点图。语法格式如下：

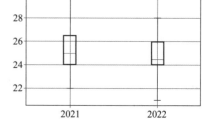

图1-2-13　箱形图运行结果

```
matplotlib.pyplot.scatter(x, y, s=None, c=None, marker=None, cmap=None, vmin=None, vmax=None,
alpha=None, linewidths=None, edgecolors=None,**kwargs)
```

常用参数含义如下：

x，y：长度相同的数组，也就是我们即将绘制散点图的输入数据。这两个参数是必选的。

s：点的大小，默认为20，也可以是个数组，数组中的每个数据为对应点的大小。

c：点的颜色，默认为蓝色（b），也就是blue。

marker：标记样式，默认小圆圈（o）。

alpha：透明度设置，取值于0~1，默认为None，即不透明。

linewidths：标记边界的宽度。

edgecolors：标记的边框颜色或颜色序列，默认为face，可选值有face、None。

示例：显示A类产品2022年季度销售情况，通过scatter()函数绘制散点图，代码如下：

```
1.  import matplotlib.pyplot as plt
2.  x=[1,2,3,4]
3.  count = [40,60,100,85]
4.  plt.scatter(x,count)      #绘制散点图
5.  plt.xticks(x)
6.  plt.show()
```

以上代码绘制了散点图，图有四个点，表示四个季度的销售数量，运行结果如图1-2-14所示。

示例：显示A类和B类产品2022年季度销售情况，代码如下：

```
1.  import matplotlib.pyplot as plt
2.  plt.rcParams['font.sans-serif'] = ['SimHei']      #设置显示中文字体
3.  x=[1,2,3,4]
4.  count = [[40,60,100,85],[30,70,80,75]]
5.  plt.scatter(x,count[0],s=count[0],c='r',marker='d',label='A类')   #绘制散点图
6.  plt.scatter(x,count[1],s=count[1],c='g',label='B类')         #绘制散点图
7.  plt.xticks(x)
8.  plt.legend(loc='upper left')
9.  plt.show()
```

以上代码绘制了两个散点图，设置了点的样式、大小和颜色，运行结果如图1-2-15所示。

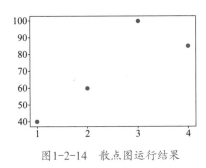

图1-2-14　散点图运行结果

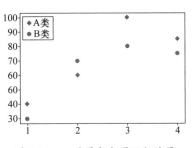

图1-2-15　设置散点图运行结果

任务实施

子任务1　评论点赞数分布情况分析

本任务需要使用Pandas从CommentInfo.csv文件中读取数据，根据评论点赞数字段votes，使用Matplotlib绘制两个直方图，显示评论点赞数分析情况。第一个直方图要求横轴为点赞数区间，其范围为评论点赞数最小值至最大值之间；纵轴为评论点赞数。第二个直方图要求横轴为点赞数区间，范围为0～5000，纵轴为评论点赞数。

任务实施步骤如下：

1. 编写代码

步骤1：初始工作。导入相关包，Pandas 从 CommentInfo.csv 文件中读取电影评论数据，设置 Matplotlib 绘图常用参数值。

步骤2：获取所有评论点赞数以及最大、最小点赞数。

步骤3：绘制直方图。通过子图绘制了两个垂直排列的直方图。

```python
1.  import matplotlib.pyplot as plt
2.  import pandas as pd
3.  import numpy as np
4.  # 读取数据
5.  data=pd.read_csv(r"datasource/CommentInfo.csv",encoding='gbk') # 读取数据，编码为gbk
6.  plt.rcParams['font.sans-serif'] = ['SimHei'] # 设置显示中文字体
7.  plt.rcParams['axes.unicode_minus'] = False # 设置正常显示符号
8.  plt.rcParams['font.size'] = 14 #设置字体大小
9.  vote = data['votes']
10. print(vote.max(),vote.min())
11. plt.figure(figsize=(12,8)) # 创建画布
12. plt.subplot(211) # 添加第一个直方图
13. bins1=[0,5000,10000,15000,20000,25000,30000,35000,40000,45000,50000,55000,60000,65000,70000]
14. plt.hist(vote,bins=bins1, facecolor='gray', edgecolor='red', alpha=0.7) # 绘制直方图
15. plt.title('用户评论点赞数分布情况',fontsize=16) # 设置标题
16. plt.ylabel('评论数量') # 设置y轴标签名
17. plt.xticks(bins1)  # 设置x轴刻度和值
18. plt.subplot(212) # 添加第二个直方图
19. bins2=[0,100,200,400,1000,2000,3000,4000,5000]
20. plt.hist(vote,bins=bins2, facecolor='gray', edgecolor='red', alpha=0.7) #绘制直方图
21. plt.xlabel('点赞数') # 设置x轴标签名
22. plt.ylabel('评论数量') # 设置y轴标签名
23. plt.xticks(bins2, rotation=45) # 设置x轴刻度和值
24. plt.ylim(0,400) # 设置y轴范围，与第一个直方图y轴范围保持一致
25. plt.show() # 显示图形
```

以上代码创建了12×8的画布，在画布上创建了两个子图，按照两行一列垂直方式排列。通过hist()函数绘制了直方图，设置了图的标题、x和y轴标签、x轴刻度和值。最后通过show()函数显示图形。

2. 代码执行效果

本任务代码的运行结果如图1-2-16所示。

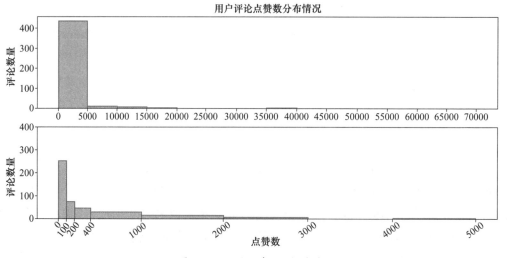

图1-2-16 子任务1运行结果

第一个直方图显示了所有评论点赞数分布情况，点赞数大部分集中在5000以下。第二个直方图针对5000以下的点赞数的分布做进一步分析，发现点赞数主要分布在1000以内，且100以下点赞数最多。这说明虽然有高质量且得到大多数认同的评论，但是不多。

子任务2 评论点赞数对应星级分析

在子任务1的基础上分析评论点赞数大于5000的评论的星级情况。本任务需要使用Pandas从CommentInfo.csv文件中读取数据，从评论点赞数字段votes获取大于等于5000的评论点赞数和评分数据，根据评论点赞数和评分数据，使用Matplotlib绘制箱形图，显示评论点赞数对应星级分布情况。

任务实施步骤如下：

1. 编写代码

```
1.  import matplotlib.pyplot as plt
2.  import pandas as pd
3.  import numpy as np
4.  #读取数据
5.  data=pd.read_csv(r"datasource/CommentInfo.csv",encoding='gbk') #读取数据，编码为gbk
6.  plt.rcParams['font.sans-serif'] = ['SimHei']    #设置显示中文字体
7.  plt.rcParams['axes.unicode_minus'] = False  #设置正常显示符号
8.  plt.rcParams['font.size'] = 14   #设置字体大小
9.  vote = data[data['votes']>=5000][['scores','votes']].groupby(by='scores')
10. vote = dict(i for i in vote)
11. plt.figure(figsize=(12,4)) #创建画布
12. #绘制箱形图
13. plt.boxplot([vote["['10']"]['votes'],vote["['20']"]['votes'],vote["['30']"]['votes'],vote["['40']"]['votes'],vote["['50']"]['votes']], labels=['一星','二星','三星','四星','五星'])
14. plt.title('评论点赞数对应星级分析',fontsize=16)  #添加标题
15. plt.ylabel('点赞数')  #添加y轴标签名
16. plt.grid()  #添加网格
17. plt.show()  #显示图形
```

以上代码创建了12×4的画布，通过boxplot()函数绘制了不同星级的五个箱形图，设置了图的标题、y轴标签、网格线等，最后通过show()函数显示图形。

步骤1：初始工作。导入相关包，Pandas从CommentInfo.csv文件中读取电影评论数据，设置Matplotlib绘图常用参数值。

步骤2：获取评论点赞数大于等于5000的评论评分和点赞数。

步骤3：绘制箱形图。按星级分别绘制五个箱形图，显示评论点赞数对应星级的分布情况。

2. 代码执行效果

本任务代码的运行结果如图1-2-17所示。

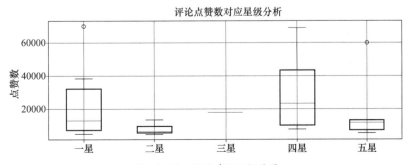

图1-2-17 子任务2运行结果

三星评论点赞数是比较少的，一星和四星评论点赞数较多。

子任务3 评论点赞数、评论数量随日期变化的情况分析

本任务需要使用Pandas从CommentInfo.csv文件中读取数据，处理times字段提取日期信息，并按日期排序，对处理后的数据使用Matplotlib绘制散点图，再按日期统计发布的评论数量并绘制折线图。散点图和折线图要求共横轴，横轴为日期，左边纵轴为电影评论点赞数，右边纵轴为评论数量，从而显示评论点赞数、评论数量随日期变化的情况。

任务实施步骤如下：

1. 编写代码

步骤1: 初始工作。导入相关包，Pandas从CommentInfo.csv文件中读取电影评论数据，设置Matplotlib绘图常用参数值。

```
1.  import matplotlib.pyplot as plt
2.  import pandas as pd
3.  import numpy as np
4.  #读取数据
5.  data=pd.read_csv(r"datasource/CommentInfo.csv",encoding='gbk')  #读取数据，编码为gbk
6.  plt.rcParams['font.sans-serif'] = ['SimHei']  #设置显示中文字体
7.  plt.rcParams['axes.unicode_minus'] = False  #设置正常显示符号
8.  plt.rcParams['font.size'] = 14  #设置字体大小
9.  data['times']=data['times'].apply(lambda x:x.split(' ')[0])  #只保留日期时间中的日期
10. data=data.sort_values(by='times')  #按时间排序
11. num_date=data['times'].value_counts()  #统计评论数
12. num_date=num_date.sort_index()  #对时间排序
13. plt.figure(figsize=(12,4))  #创建画布
14. ax1 = plt.axes([0,0,0.8,0.8])  #设置子图ax1大小
15. ax1.scatter(data['times'],data['votes'])  #在子图上绘制散点图
16. ax1.set_xticks(range(len(num_date)),num_date.index,rotation=90)  #设置x轴刻度和值
17. ax1.set_title('评论点赞数、评论数量随日期变化情况分析')  #设置标题
18. ax1.set_ylabel('评论点赞数')  #设置子图ax1的y轴标签名
19. ax2=ax1.twinx()  #创建并返回一个与ax1共享x轴的子图ax2
20. ax2.plot(range(len(num_date)),num_date)  #在子图上绘制折线图
21. ax2.set_ylabel('评论数量')  #设置子图ax2的y轴标签名
22. plt.show()  #显示图形
```

步骤2: 处理日期数据，并按时间排序，统计各日期评论数。

步骤3: 绘制散点图和折线图。通过共轴实现两个图共享x轴。

以上代码创建了12×4的画布，在画布上通过twinx()函数创建了共享x轴的子图。在子图上通过scatter()函数绘制了散点图，通过plot()函数绘制了折线图，并设置了图的标题、x轴和y轴标签、x轴刻度和值，最后通过show()函数显示图形。twinx()函数的功能为创建并返回一个共享x轴的子图。新创建的子图的x轴将会被隐藏，y轴将会位于子图的右侧。twinx()函数的返回值为Axes对象，即新创建的子图。

2. 代码执行效果

本任务代码的运行结果如图1-2-18所示。

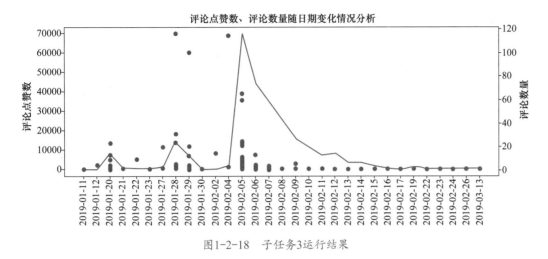

图1-2-18 子任务3运行结果

散点图显示了不同日期的评论点赞数的分布情况，折线图显示了不同日期发表的评论数量。在2019年2月5日这一天发表的评论数量是最高的，评论点赞数高的评论都出现在这一天或之前的几天，无论是评论点赞数还是评论数量，都说明2019年2月5日这一天电影观影热度达到高峰，之后热度逐渐降低。

任务3 分析电影评论评分

任务描述

本任务从评论评分与城市名称、评分等级三个方面来分析电影评论评分。通过绘制面积图、折线图和词云图对电影评论评分情况进行分布分析、对比分析，以便全面挖掘该电影的口碑、观影热度、观众对电影的理解等信息，为观众提供观影参考。

任务分析

本任务从CommentInfo.csv文件中读取数据，根据不同需求，使用Matplotlib绘制电影评论评分分布情况图。

1）根据评论评分字段scores和城市名称字段citys数据，统计出不同评分对应城市的评分数量，绘制折线图和面积图，显示不同评分、不同城市的评分数据变化趋势。

2）根据评论评分字段scores，按照好评差评标准进行分类，对分类的数据进行"jieba"分词后，绘制好评和差评关键字的词云图，显示好评和差评关键字信息。

知识准备

1. 面积图

面积图对轴和线之间的区域着色，不仅能够强调峰和谷，还能够强调高点和低点的持续时间。高点持续时间越长，线下面积越大。

pyplot模块可以使用fill_between()函数和 stackplot()函数绘制面积图。

fill_between()函数语法格式如下：

```
matplotlib.pyplot.fill_between(x, y1, y2=0, where=None, interpolate=False, step=None, *, data=None,
**kwargs)
```

fill_between()函数给对折线（可以单或多条）下方区域上色，可以进行多类数据的对比，面积大小直观显示数据大小。

常用参数含义如下：

x：它是长度为n的数组。这些是定义曲线的节点的x坐标。

y1：它是长度为N的数组或标量。这表示定义第一条曲线的节点的y坐标。

y2：长度为N的数组，本质上是可选的。默认值为0。这表示定义第二条曲线的节点的y坐标。

stackplot()函数语法格式如下：

matplotlib.pyplot.stackplot(x, *args, labels=(), colors=None, baseline='zero', data=None, **kwargs)

stackplot()函数使多个y轴系列数据共用一个x轴，指定不同的标签。

常用参数含义如下：

x：面积图的x轴数据。

*args：可变参数，可以接受任意多的y轴数据，即各个拆分的数据对象。

**kwargs：关键字参数，可以通过传递其他参数来修饰面积图，如标签、颜色。

示例：显示A类产品2022年和2021年季度销售情况，通过fill_between()函数绘制面积图，代码如下：

```
1. import matplotlib.pyplot as plt
2. plt.rcParams['font.sans-serif'] = ['SimHei']    # 设置显示中文字体
3. x=[1,2,3,4]
4. count = [[40,60,100,85],[30,70,80,75]]
5. plt.fill_between(x,count[0],label='2022年')    # 绘制面积图
6. plt.fill_between(x,count[1],label='2021年')    # 绘制面积图
7. plt.xticks(x)
8. plt.legend(loc='upper left')
9. plt.show()
```

以上代码绘制了两个面积图，通过面积表示2022年和2021年A类产品的销售情况，运行结果如图1-3-1所示。

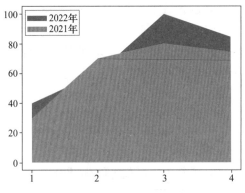

图1-3-1　面积图运行结果

刚绘制的面积图中，橙色的面积挡住了蓝色的面积，因此不能完全看出蓝色的范围，可以通过设置透明度（alpha）或者通过绘制折线图来显示边缘。

示例：完善面积图，代码如下：

```
1.  import matplotlib.pyplot as plt
2.  plt.rcParams['font.sans-serif'] = ['SimHei']   # 设置显示中文字体
3.  x=[1,2,3,4]
4.  count = [[40,60,100,85],[30,70,80,75]]
5.  plt.fill_between(x,count[0],label='2022年',alpha=0.5)   # 绘制面积图
6.  plt.fill_between(x,count[1],label='2021年',alpha=0.5)   # 绘制面积图
7.  plt.plot(x,count[0])   # 绘制折线图
8.  plt.plot(x,count[1])   # 绘制折线图
9.  plt.xticks(x)
10. plt.legend(loc='upper left')
11. plt.show()
```

以上代码设置alpha为0.5（半透明），同时绘制了两条折线图，能显示出面积图的上边缘，运行结果如图1-3-2所示。

示例：显示A类产品2022年和2021年季度销售情况，通过stackplot()函数绘制堆叠面积图，代码如下：

```
1.  import matplotlib.pyplot as plt
2.  plt.rcParams['font.sans-serif'] = ['SimHei']   # 设置显示中文字体
3.  x=[1,2,3,4]
4.  count = [[40,60,100,85],[30,70,80,75]]
5.  plt.stackplot(x,count[0],count[1],labels=['2022年','2021年'])   # 绘制堆叠面积图
6.  plt.xticks(x)
7.  plt.legend(loc='upper left')
8.  plt.show()
```

以上代码绘制了一个堆叠面积图，堆叠面积图有两个颜色的面积，分别对应2022年和2021年的销售情况，运行结果如图1-3-3所示。

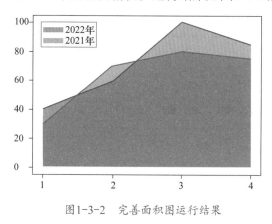

图1-3-2　完善面积图运行结果

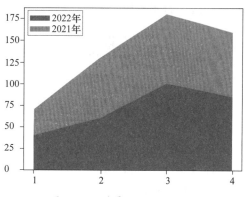

图1-3-3　堆叠面积图运行结果

2. 词云图

词云图，也叫文字云，即对输入的一段文字计算词汇出现的频率（词频），然后根据词频集中显示高频词，简洁、直观、高效。词云图使人们可以快速感知最突出的文字，迅速抓住重点，了解主旨。

制作词云图的方法有很多，可以借助第三方网站的在线词云图工具，也可以基于Python。这里使用WordCloud制作词云图，制作流程如下：1）准备一段文字。2）使用

jieba分词。3）准备停用词。4）WordCloud生成词云图。

（1）jieba分词概述与使用

jieba库是优秀的中文分词第三方库，中文文本需要通过分词获得单个词语。可以使用pip包管理器安装jieba库，代码如下：

```
pip install jieba
```

jieba分词器提供四种分词模式，并且支持简体/繁体分词、自定义词典、关键词提取、词性标注。这里需要用到最简单的一种分词模式——精确模式，该模式会将句子尽量精确地切分开，适用于文本分析。

jieba分词器的基本用法：在Python中，可以使用jieba模块的lcut()函数分词，lcut()函数返回一个列表类型。lcut()函数的语法格式如下：

```
lcut(sentence,cut_all=False,HMM=True)
```

参数含义如下：

sentence：待分词文本。

cut_all：设置使用全模式（True）还是精确模式（False），默认为False。

HMM：隐马尔可夫链，默认开启。

示例：简单分词，代码如下：

```
1.  import jieba
2.  text = '盼望着，盼望着，东风来了，春天的脚步近了。'
3.  cut = jieba.lcut(text)
4.  print(cut)
5.  str = ' '.join(cut)
6.  print(str)
```

运行结果如图1-3-4所示，lcut()函数返回的是列表，join()把列表元素通过空格分隔符连接成字符串输出。

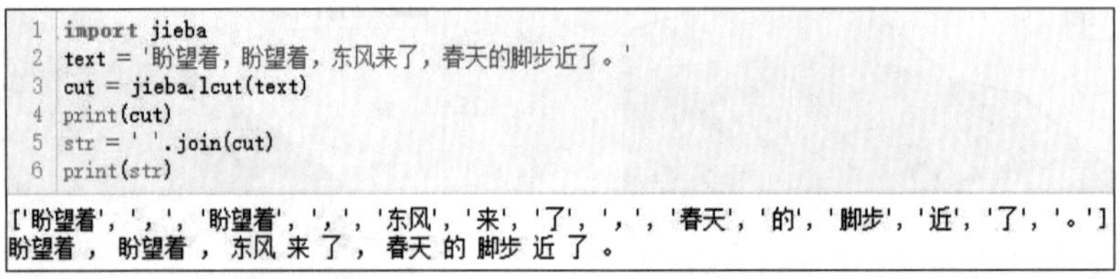

```
1  import jieba
2  text = '盼望着，盼望着，东风来了，春天的脚步近了。'
3  cut = jieba.lcut(text)
4  print(cut)
5  str = ' '.join(cut)
6  print(str)
['盼望着', '，', '盼望着', '，', '东风', '来', '了', '，', '春天', '的', '脚步', '近', '了', '。']
盼望着 ， 盼望着 ， 东风 来 了 ， 春天 的 脚步 近 了 。
```

图1-3-4　简单分词运行结果

（2）WordCloud库简介与使用

WordCloud是一款Python环境下的词云图工具包，同时支持Python2和Python3，能以代码的形式把关键词数据转换成直观且有趣的图文模式。可以使用pip包管理器安装WordCloud库，代码如下：

```
pip install wordcloud
```

使用WordCloud库，需要通过WordCloud()函数生成一个WordCloud对象，然后通过WordCloud对象进行一系列操作。为了便于生成符合所需的词云文件，使用WordCloud()函数创建WordCloud对象时，需要使用一些参数。WordCloud()函数常用参数见表1-3-1。

表1-3-1　WordCloud()函数常用参数

参　数	描　述
width	指定生成词云图片的宽度，默认为400px
height	指定生成词云图片的高度，默认为200px
min_font_size	指定词云字体中的最小字号，默认为4号
max_font_size	指定词云字体中的最大字号，如果不指定该参数，则WordCloud会根据词云图片的高度自动调节
font_step	指定词云字体的字号之间的间隔，默认为1
font_path	指定字体文件的路径
max_words	指定词云显示的最大单词数量，默认为200
stop_words	指定词云的排除词列表，列入排除词列表中的单词不会被词云显示
mask	指定生成词云图片的形状，如果需要非默认形状，需要使用imread()函数引用图片
background_color	指定词云图片的背景颜色，默认为黑色

创建WordCloud对象后，可通过对象调用方法，完成一些操作，常用的方法如下：

wordcloud.generate(txt)：指定词云的文本文件。

image = wordcloud.to_image()：生成图片，返回Image对象。

image.show()：通过Image对象展示图片。

wordcloud.to_file(fileName)：写入文件。

示例：制作朱自清《春》的词云图，代码如下：

```
1.  import jieba
2.  import wordcloud
3.  import matplotlib.pyplot as plt
4.  with open('datasource/spring.txt','r',encoding='utf-8') as fp:
5.      text = fp.read()          # 读取文本文件
6.  cut = jieba.lcut(text)        # 中文分词
7.  str = ' '.join(cut)           # 通过空格连接成字符串
8.  # 生成WordCloud对象wc，并指定词云的文本为str
9.  wc = wordcloud.WordCloud(font_path='C:\Windows\Fonts\simhei.ttf')
10. wc.generate(str)  # 向WordCloud对象wc中加载文本str
11. image = wc.to_image()    # 生成图像
12. image.show()             # 展示图像
```

以上代码从spring.txt文本文件中读取文字，用lcut()函数分词，用WordCloud()函数生成词云对象wc，通过wc调用generate()函数设置文本，调用to_image()函数生成图像返回对象image，最后通过image调用show()方法显示图像。WordCloud默认是不支持显示中文的，中文会被显示成方框，因此生成wc对象时设置font_path，用到本地C盘的simhei.ttf字体文件。运行结果如图1-3-5所示。

观察运行结果，发现"的"非常显眼，说明它的词频最高，但对分析来说这种词没有任何意义，因此需要对其进行文字处理后，再生成词云。这个文字处理的过程会用到排除词（stop_word）。排除词就是不显示的词，也称停用词。下面就定义停用词，用于排除没有意义的或者不是关键字的词。

图1-3-5　词云图运行结果

示例：制作朱自清《春》词云图，代码如下：

```
1.  import jieba
2.  import wordcloud
3.  import matplotlib.pyplot as plt
4.  with open('datasource/spring.txt','r',encoding='utf-8') as fp:
5.      text = fp.read()      #读取文本文件
6.  cut = jieba.lcut(text)    #中文分词
7.  stopwords = ['的','了','着',',','像','都','在','是','也','有','你','里'] #定义停用词
8.  str = ' '.join(cut)       #通过空格连接成字符串
9.  mask = plt.imread('datasource/xiaolian.jpg')
10. #生成WordCloud对象wc，并指定词云的文本为str
11. wc = wordcloud.WordCloud(font_path='C:\Windows\Fonts\simhei.ttf', #指定字体
12.             stopwords=stopwords,   #指定停用词
13.             mask=mask,             #指定生成词云图片形状
14.             background_color='white') #指定背景颜色
15. wc.generate(str) #向WordCloud对象wc中加载文本str
16. plt.imshow(wc) #生成图形
17. plt.axis('off') #关闭坐标轴
18. plt.show()      #显示图形
```

以上代码中第7行代码定义了一些停用词（可以自定义停用词，也可以从网上下载已定义好的停用词表），放在列表stopwords中。第9行代码通过imread()读取图片并放在mask中。第12行代码在创建WordCloud对象时，通过参数stopwords指定词云的停用词列表stopwords，参数mask原本默认为长方形，这里指定生成词云图形状为mask，参数background_color默认为黑色，指定背景颜色为白色。最后三行代码是通过plt实现生成和显示图形。运行结果如图1-3-6所示。

图1-3-6　设置停用词运行结果

任务实施

子任务1 评论评分与城市的关系分析

本任务需要使用Pandas从CommentInfo.csv文件中读取数据，根据评论评分字段scores和城市名称字段citys数据统计出不同评分及对应城市的评论数量。根据统计出的不同评分及对应城市的评论数量，取出前五名城市的数据，使用Matplotlib绘制折线图和面积图，要求横轴为评分，纵轴为评论数量，显示不同评分、不同城市的评论数据变化趋势。

任务实施步骤如下：

1. 代码编写

```python
1.  import matplotlib.pyplot as plt
2.  import pandas as pd
3.  import numpy as np
4.  data=pd.read_csv(r"datasource/CommentInfo.csv",encoding='gbk') # 读取数据，编码为gbk
5.  plt.rcParams['font.sans-serif']=['SimHei'] # 设置显示中文字体
6.  plt.rcParams['axes.unicode_minus']=False # 设置正常显示符号
7.  plt.rcParams['font.size']=14 # 设置字体大小
8.  tmp=pd.DataFrame(0,index=data['scores'].drop_duplicates().sort_values(),columns=data['citys'].drop_duplicates()) # 创建值为0的DataFrame，设置行索引值为scores，列索引值为citys
9.  for i,j in zip(data['scores'],data['citys']):
10.     tmp.loc[i,j]+=1   # 计算各评分及其对应城市
11. tmp=tmp.drop(['[]'],axis=1) # 删除城市名称为空的一列数据
12. tmp.loc[len(tmp.index)]=tmp.sum(axis=0).values # 统计各城市评论数量并添加到tmp
13. tmp=tmp.sort_values(by=6,axis=1,ascending=False) # 按城市评论数量降序排序
14. tmp=tmp.iloc[:6, :5] # 取评论数量最多的5个城市
15. m,n=tmp.shape
16. plt.figure(figsize=(12,4)) # 创建画布
17. for i in range(n):  # 根据每列的值绘图
18.     plt.plot(range(m),tmp.iloc[:,i],label=tmp.columns[i]) # 绘制折线图
19.     plt.fill_between(range(m),tmp.iloc[:,i],alpha=0.5) # 绘制面积图
20. plt.xticks(range(m),tmp.index) # 设置x轴刻度和值
21. plt.grid() # 设置网格
22. plt.title('《流浪地球》豆瓣评论评分与城市的关系') # 设置标题
23. plt.xlabel('评分') # 设置x轴标签名
24. plt.ylabel('评论数') # 设置y轴标签名
25. plt.legend()    # 设置图例
26. plt.show()      # 显示图形
```

以上代码创建了12×4的画布，在画布上通过plot()函数和fill_between()函数绘制了折线图和面积图，设置了图的标题、x和y轴标签，设置了面积图的透明度，最后通过show()函数显示图形。

2. 代码执行效果

本任务代码的运行结果如图1-3-7所示。

✏️步骤1：初始工作。导入相关包，Pandas从CommentInfo.csv文件中读取电影评论数据，设置Matplotlib绘图常用参数值。

✏️步骤2：统计不同评分各城市的评分数量。根据处理评分字段scores和城市名称字段citys数据，统计不同评分及对应城市的评分数量，取出评论数量最多的五个城市的数据用于绘图。

✏️步骤3：绘制折线图和面积图。绘制5条折线图和5个面积图，横轴为评分，纵轴为评论数量，显示不同评分、不同城市的评论数据变化趋势。

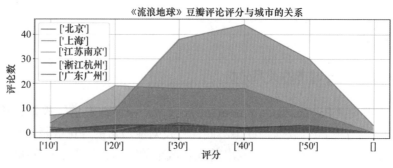

图1-3-7 子任务1运行结果

通过面积图显示城市与评论评分的关系，从面积上看，评论评分为10分和没有评分的占比比较小。北京的评论数最多，所占的面积也是最大的，评论评分相对也高一些。上海的评论数排第二，评分集中在20～40分。

子任务2 评论评分好评与差评的关键信息分析

本任务需要使用Pandas从CommentInfo.csv文件中读取数据，根据评论评分字段scores，按照好评差评标准进行分类。对分类的数据做jieba分词后使用WordCloud()绘制好评和差评留言的词云图，显示好评和差评关键字信息。

任务实施步骤如下：

1. 代码编写

步骤1：初始工作。导入相关包，设置Matplotlib绘图常用参数值。

步骤2：准备停用词。定义stop_words()函数，读取提供的停用词文件数据，按需求定义停用词。

步骤3：定义函数douban_word_cloud (data_after, title)，绘制词云图，参数data_after表示生成词云图的文本数据，参数title表示生成词云图的标题。

```
1.  import pandas as pd
2.  import jieba
3.  from tkinter import _flatten
4.  import matplotlib.pyplot as plt
5.  from wordcloud import WordCloud
6.  plt.rcParams['font.sans-serif']='SimHei' # 设置中文字体
7.  plt.rcParams['font.size']=14 # 设置字体大小
8.  def stop_words():
9.      with open(r"datasource/stoplist.txt",'r',encoding='utf-8') as f:
10.         stop_words=f.read()  # 读入文件中的停用词，stop_words为字符串
11.         stop_words=['\n',',',' ','中国']+stop_words.split() # 通过split()将换行去掉，形成列表，并连
                接前面的列表
12.     return stop_words
13. def douban_word_cloud(data_after, title):
14.     stopwords = stop_words() # 获取停用词
15.     data_cut=data_after.apply(jieba.lcut) # data_cut是一个Series，每个元素都是列表
16.     data_after_stop=data_cut.apply(lambda x: [i for i in x if i not in stopwords]) # 去除停用词
17.     data_cut1=_flatten(list(data_after_stop))
18.     # tkinter的_flatten可以将序列（包括嵌套列表）中的元素拉直排成一列，形成一个包括所
            # 有分词后的词语的元组
19.     data_cut1 = ' '.join(list(data_cut1))      # 通过空格连接成字符串
20.     pic = plt.imread(r"datasource/aixin.jpg") # 读取词云图形状背景图
21.     wc = WordCloud(font_path='datasource/simhei.ttf', # 词云字体
22.                    mask=pic, # 词云形状
23.                    background_color='white') # 背景颜色
```

```
24.    wc.generate(data_cut1) # 指定词云文本
25.    plt.imshow(wc) # 生成图形
26.    plt.axis("off") # 关闭坐标轴
27.    plt.title(title) # 设置标题
28. def run():
29.    data=pd.read_csv(r"datasource/CommentInfo.csv",encoding='gbk')
30.    data["scores"]=data["scores"].apply(lambda x: eval(x))  # 取出scores列每个对象中列表中的
                                                               # 数，并强制转换为整数，若列表为空，设为30
31.    data["scores"]=[30 if i==[] else int(i[0]) for i in data["scores"]]
32.    index_positive=data["scores"]>=30 # 评分大于等于30的好评索引
33.    index_negative=data["scores"]<30 # 评分小于30的差评索引
34.    plt.figure(figsize=(12,8))
35.    # 调用词云图函数douban_word_cloud()，完成绘制好评关键词的词云图
36.    plt.subplot(121)
37.    douban_word_cloud(data_after=data["content"][index_positive], title="《流浪地球》好评词云图")
38.    # 调用词云图函数douban_word_cloud()，完成绘制差评关键词的词云图
39.    plt.subplot(122)
40.    douban_word_cloud(data_after=data["content"][index_negative], title="《流浪地球》差评词云图")
41.    plt.show() # 显示图形
42. if __name__ == '__main__':
43.    run()
```

步骤4：定义主函数 run()，从文件 CommentInfo.csv 读取数据，根据评判标准（评分大于等于30的为好评，评分小于30的为差评）把电影评论分为好评和差评，再分别调用步骤3定义的函数 douban_word_cloud(data_after, title)，绘制词云图

步骤5：执行主函数 run()

以上代码中生成词云图用到了两个素材，即字体simhei.ttf和背景图片aixin.jpg，这两个素材都可以替换。好评数据index_positive和差评数据index_negative分别调用函数douban_word_cloud(data_after, title)绘制词云图，最后用show()函数显示图形。

2. 代码执行效果

本任务代码的运行结果如图1-3-8所示。

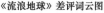

图1-3-8　子任务2运行结果

好评和差评内容中出现的关键字主要有"电影""科幻""地球""特效""流浪"，好评中"科幻"出现的频率最高，差评中"地球"出现的频率最高。这说明观影者比较关注电影的科幻性和特效，"流浪"和"地球"也被很多次提及。

拓展任务

1. 分析点赞数最多的十个评论与星级关系

读取CommentInfo.csv文件中数据，获取评论点赞数最多的十个评论的评分和点赞

数。根据评论评分设置星级，50为五星，40为四星，30为三星，20为二星，10为一星。在每个条柱的上方标识出点赞数。绘制的柱状图结果如图1-4-1所示。

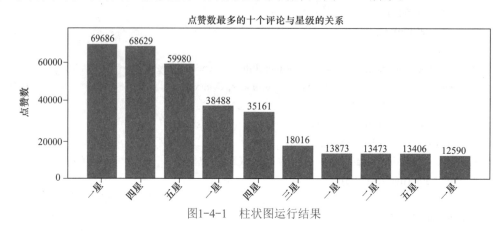

图1-4-1　柱状图运行结果

2. 分析每一级别评分（10、20、30、40、50）的评论数随日期变化情况

读取CommentInfo.csv文件中数据，从有评分的数据中统计出各评分及对应日期的评论数。

1）根据统计数据绘制堆叠面积图，结果如图1-4-2所示。

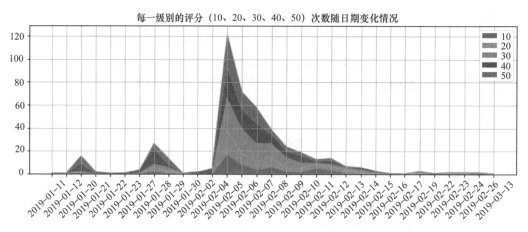

图1-4-2　堆叠面积图运行结果

2）根据统计数据绘制折线图和面积图，结果如图1-4-3所示。

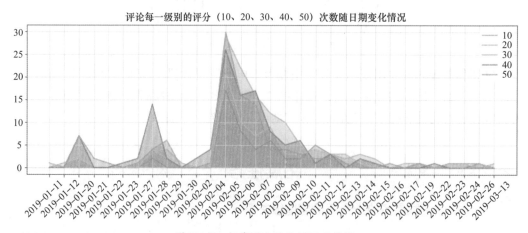

图1-4-3　折线图和面积图运行结果

项目分析报告

本项目主要对从某网站采集到的《流浪地球》电影的数据进行统计分析。从电影评论数量、评论点赞数和评论评分三个维度分析了电影评论与城市、评论星级，以及评论随日期变化的情况。

通过直方图分析评论点赞数分布情况，点赞数大部分集中在5000以下，也有小部分点赞数超过5万。进一步分析5000以下的点赞数，主要分布在1000以内，且100以下点赞数最多。这说明高质量的评论不多。通过散点图和折线图分析评论点赞数、评论数量随日期变化情况，在2019年2月5日这一天发表的评论数是最高的，评论点赞数高的评论都出现在这一天或之前的几天，无论是从评论点赞数还是从评论数量，都说明2019年2月5日这一天电影观影热度达到了最高，之后热度逐渐降低。通过饼图和箱形图分析点赞数和评论星级情况：通过饼图显示星级评论数量占比情况，三星、四星和五星评分占比比较高，点赞数高的评论中四星评论最多，说明电影的整体评价较高，该电影是值得观看的一部电影。通过柱状图和面积图分析城市与评论数量、评论评分的关系发现：评论数据最多的十个城市主要分布在大城市如北京、上海、广州、深圳，沿海经济发达城市如南京、杭州，休闲娱乐业发展较好的城市如成都、长沙；评论数量最多的五个城市，其评论评分主要集中在20~40分。通过词云图进一步分析好评差评的关键字，主要有"电影""科幻""地球""特效""流浪"，好评中"科幻"出现的频率最高，差评中"地球"出现的频率最高。这说明观众比较关注电影的科幻性和特效，"流浪""地球"也被很多次提及。

从以上分析可以看出，电影《流浪地球》上映以后，作为一部贺岁档电影，在大年初一前后观影热度达到了最高，观众比较关注电影的科幻性和特效，对电影的整体评价较高，观众群体倾向于分布在经济发达、沿海城市和休闲娱乐城市。

随着生活水平的提高，人们对精神文化方面的需求也越来越高，也非常期待好的电影作品。从电影评论数据中分析电影的评分星级、观众群体、观影时间等信息，能全面挖掘该电影的口碑、观影热度、被喜爱程度、观众对电影的理解等信息，为观众提供观影参考，为电影编剧、制片等电影从业人员提供参考，帮助他们把握观众对电影类型、特效、情节等的需求和爱好。

项目小结

本项目基于Python使用Matplotlib库的Pyplot模块绘制各种常用的图形，以实现数据可视化。可视化绘图按照导入模块、准备数据、绘制图形、画布子图、添加标签、保存显示6个步骤完成。项目绘图用到的数据通过Pandas读取和处理。第一个任务分析电影评论数量，绘制了折线图、柱状图和饼图。第二个任务分析电影评论点赞数，用到了子图，绘制了直方图、箱形图和散点图。第三个任务分析电影评论评分，绘制了面积图和词云图。

本项目主要使用Pyplot模块做数据可视化，详细讲解了绘图函数plot()、bar()、barh()、pie()、hist()和scatter()的使用，包括创建画布、指定图形类型、添加各类标签、创建子图、添加子图、添加文本、添加图例等操作。另外，本项目对绘制面积图函数fill_between()和stackplot()，jieba分词器函数lcut()，停用词表，绘制词云图函数

WordCloud()等进行了重点讲解。其中绘制复杂图形、设置刻度值和标签、创建和使用子图、创建聚合柱状图是难点，需要重点练习；常用绘图函数及其常用参数需要重点掌握。

本项目用到的Pyplot绘图模块比较容易上手，读者通过本项目的学习应能够在实践中绘制出各种常用图形，方便对比分析不同图形的应用场合。

巩固强化 ↗

1. 如何导入pyplot模块？pyplot模块绘图的基本步骤是什么？
2. pyplot模块绘制折线图、柱状图、饼图、直方图、散点图的函数是什么？
3. 简述你对画布、子图和轴的理解。
4. 轴刻度的值和标签如何设置？它们有什么关联？
5. 创建或添加子图的方法有哪些？请举例说明如何创建3个子图，并把可能的情况都列出来。
6. 多柱状图可以通过堆叠和并列实现，请说出它们的区别。
7. 如何绘制散点图？散点图与折线图的区别是什么？
8. 如何实现中文分词？
9. 停用词的作用是什么？除了自定义停用词表外，还有哪些方式可以获取停用词？
10. 简述词云图的绘制流程。

## 第 2 篇

ECharts数据可视化技术

项目 2　数码产品销售数据 ECharts 可视化

◉ 项目概述

　　数码产品主要包括计算机、通信和消费电子产品。计算机的出现、科技的进步带动了一批以数字为记载标识的电子产品，这些产品统称为数码产品，例如计算机、U盘、MP3/4/5、笔记本计算机、iPad、手机、相机等。数码产品是电子商务购买渠道中比较活跃的产品，尤其受到年轻人的青睐。对数码产品销售数据进行分析和可视化展示，有助于相关人员了解各种产品销售情况，了解哪些是畅销产品、哪些是冷门产品，帮助改进营销和投资。

　　本项目使用ECharts技术完成对数码产品销售数据的分析与可视化。ECharts基础操作包括如下任务：ECharts基本组件的使用、ECharts轴图和非轴图的绘制、带时间轴的动态图的绘制等。通过完成这些任务，读者可以了解ECharts的特点，掌握ECharts可视化开发流程，掌握ECharts组件的使用方法，能够搭建ECharts开发环境，能够绘制折线图、柱状图、散点图、饼图、气泡图、雷达图、词云图、动态图，并能根据需要设置参数。

◉ 学习目标

- 培养严谨认真的态度，养成规范编程的习惯。
- 培养数据安全意识，培养遵纪守法的意识。
- 培养代码调试和问题解决的能力。
- 了解ECharts的特点。
- 掌握ECharts各种组件的使用方法。
- 理解各种图形的用途和区别。
- 能够绘制常用图形。
- 能够搭建ECharts开发环境。
- 能够绘制轴图和非轴图。
- 能够绘制带时间轴的动态图。

◉ 思维导图

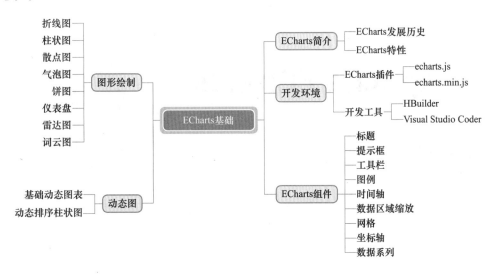

任务1 使用基本组件绘制数码产品销量图

任务描述

店铺商家为了直观地查看各种数码产品的销量情况、进货量与销量对比情况，可以借助ECharts开发数据图表，直观地展示数据统计结果。

要使用ECharts进行数据可视化，需要搭建ECharts开发环境，设置ECharts常用组件。本任务将绘制数码产品进货量与销量对比图、2017年—2020年各品牌数码产品销量情况对比图。

任务分析

本任务的主要内容是搭建ECharts开发环境，并使用ECharts绘制基本图形，对数码产品销售、采购情况进行基本分析。读者重点掌握ECharts基本组件的设置和使用方法，包括标题、提示框、工具栏、图例、时间轴、数据区域缩放、网格、坐标轴、数据系列等组件。

知识准备

1. ECharts简介

ECharts是一个使用JavaScript实现的开源可视化库，可以流畅地运行在PC和移动设备上，兼容当前绝大部分浏览器（IE 9/10/11、Chrome、Firefox、Safari等），底层依赖矢量图形库 ZRender，提供直观、交互丰富、可高度个性化定制的数据可视化图表。

ECharts是百度旗下的一款开源软件，源自ZRender，自2012年以来为了满足商业报表需求而不断更新版本。2013年6月30日ECharts发布1.0版本；2014年6月30日ECharts发布2.0版本；2015年12月3日ECharts发布3 beta版本；2018年1月16日ECharts发布4.0版本；2018年ECharts进入开源社区Apache孵化器，自此进入了开源发展的快车道；2021年1月11日ECharts发布5.0版本，其应用也更加广泛。ECharts官方网站（https://ECharts.apache.org/）如图2-1-1所示。

图2-1-1　ECharts官方网站

由于提供商业级数据图表，ECharts被很多机构和企业使用。ECharts如此受欢迎，与其优秀的特性是分不开的。

（1）丰富的可视化类型

ECharts提供的图表类型非常丰富，包括折线图、柱状图、散点图、饼图、K线图、盒形图、地图、热力图、线图、关系图、树图（Treemap）、旭日图、漏斗图、仪表盘等，并且支持图与图之间的混搭。

除了内置的图表外，ECharts还提供了自定义系列，只需要传入一个renderItem函数，就可以扩展出更多的图表。

（2）支持多种数据格式

ECharts（4.0以上版本）内置的dataset属性支持二维表、键值对等多种格式的数据源，还支持TypedArray格式的数据，方便大数据的处理和展现。

（3）千万级数据量的前端展现

ECharts（4.0以上版本）通过增量渲染技术，配合各种细致的优化，能够展现千万级的数据量，并且在这个数据量级上依然能够进行流畅的缩放平移等交互，如图2-1-2所示。

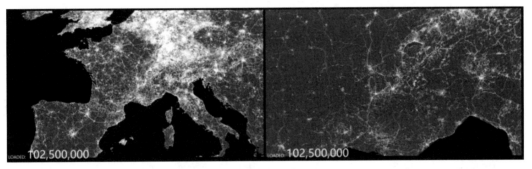

图2-1-2 大数据可视化呈现

（4）移动端功能更加优化

ECharts针对移动端交互做了细致的优化，例如在移动端小屏上人们能够用手指在坐标系中进行缩放、平移。细粒度的模块化和打包机制使得ECharts在移动端拥有很小的体积，可选的SVG渲染模块让移动端的内存占用更少。

（5）多渲染方式和跨平台使用

ECharts（4.0以上版本）支持以Canvas（画布）、SVG（可缩放矢量图形）、VML（矢量可标记语言）等形式渲染图表。VML可以兼容低版本IE，SVG使得移动端不再为内存担忧，Canvas可以轻松应对大数据量和特效的展现。ECharts还能在节点（node）上配合node-canvas进行高效的服务端渲染（SSR），并对微信小程序提供适配。不同的渲染方式提供了更多选择，使得 ECharts 在各种场景下都有更好的表现。

ECharts受到其他语言的支持，不少语言为其提供了扩展，如Python的pyECharts，R语言的echarty，Julia的ECharts.jl等。

（6）深度交互式数据探索

ECharts提供了图例、视觉映射、数据区域缩放、ToolTip（工具提示框）、数据刷选等开箱即用的交互组件，可以对数据进行多维度数据筛取、视图缩放、展示细节等交互操作。提供"总览为先，缩放过滤按需查看细节"的基本需求，如图2-1-3所示。

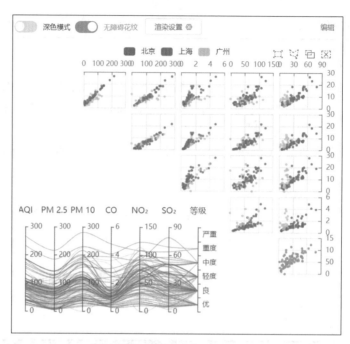

图2-1-3　深度交互数据

（7）多维数据的支持以及丰富的视觉编码手段

ECharts 3.0开始加强了对多维数据的支持：除了加入了平行坐标等常见的多维数据可视化工具外，对于传统的散点图等，传入的数据也可以是多个维度的。配合视觉映射组件visualMap提供的丰富的视觉编码手段，能够将不同维度的数据映射到颜色、大小、透明度、明暗度等不同的视觉通道。

（8）动态数据

ECharts由数据驱动，数据的改变驱动图表展现的改变。因此动态数据的实现也变得异常简单，只需要获取数据、填入数据，ECharts就会找到两组数据之间的差异，然后通过合适的动画去表现数据的变化。配合时间轴组件，ECharts能够在更高的时间维度上表现数据的信息。

（9）绚丽的动态特效

ECharts针对线数据、点数据等地理数据的可视化，提供了绚丽的动态特效，如图2-1-4所示。

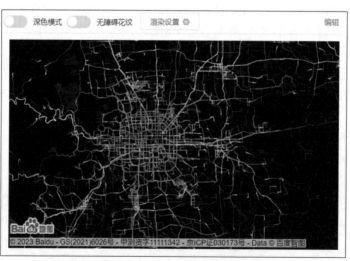

图2-1-4　绚丽的动态特效

（10）丰富、强大的三维可视化

ECharts提供了基于WebGL的ECharts GL，可以实现三维地球、建筑群、人口分布等三维可视化效果，可以应用到虚拟现实（VR）、数字大屏等场景，效果非常炫酷。

2. ECharts开发流程

要使用ECharts进行可视化开发，可在ECharts官网（https://echarts.apache. org/zh/download.html）下载echarts.js或echarts.min.js，用于在网页中加载该插件，从而创建ECharts实例。

开发ECharts的工具有很多，一般前端开发工具都可以用来开发ECharts，常用的如HBuilder、Visual Studio Code等。

开发ECharts大概经过以下6个步骤：

1）引入echarts.js插件。

```
1.  <!DOCTYPE html>
2.  <html>
3.  <head>
4.      <meta charset="utf-8">
5.      <title>ECharts开发</title>
6.      <!-- 引入 echarts.js插件 -->
7.      <script src="js/echarts.js"></script>
8.  </head>
```

2）为ECharts准备一个DIV区块（DOM），这个DIV是有宽度和高度的容器。

```
9.   <body>
10.      <!-- 为ECharts准备一个DIV区块(DOM) -->
11.      <div id="main" style="width: 600px;height:400px;"></div>
12.      <script type="text/javascript">
```

3）基于准备好的DOM，初始化ECharts实例。

```
13.          // 基于准备好的DOM，初始化ECharts实例
14.          var myChart = echarts.init(document.getElementById('main'));
```

4）指定图表的配置项和数据。

```
15.          // 指定图表的配置项和数据
16.          var option = {
17.              title: {
18.                  text: 'ECharts开发流程'
19.              },
20.              tooltip: {},
21.              legend: {
22.                  data:['销量']
23.              },
24.              xAxis: {
25.                  data: ['商品A','商品B','商品C','商品D','商品E']
26.              },
27.              yAxis: {},
28.              series: [{
```

```
29.            name: '销量',
30.            type: 'bar',
31.            data: [800, 950, 650, 1280, 300]
32.        }]
33.    };
```

5）ECharts实例关联option，使用option指定的配置项和数据显示图表。

```
34.    // 使用刚指定的配置项和数据显示图表。
35.    myChart.setOption(option);
36. </script>
```

6）运行浏览该网页。

```
37. <!-- 运行浏览该网页 -->
38. </body>
39. </html>
```

保存HTML网页文件，使用浏览器（如Google Chrome）运行该网页，检查效果，直到正确显示图表，如图2-1-5所示。

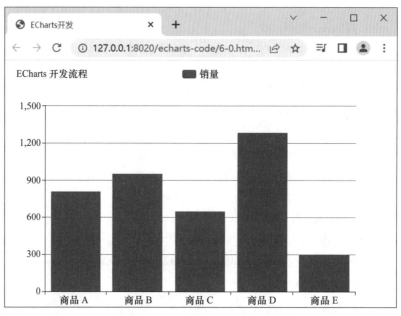

图2-1-5　浏览器显示ECharts图表

3. ECharts组件

绘制ECharts图形的关键是配置项的设置，即对各种组件的设置。常用的组件包括标题、提示框、工具栏、图例、时间轴、数据区域缩放、网格、坐标轴、数据系列等。

（1）标题

标题组件通过title进行配置，代码如下：

```
1. title: {
2.     text: '商品销售情况对比图', //主标题
3.     subtext: '2022年××店铺品牌手机销售对比', //副标题
4.     left: 'center', //居中显示
5.     textStyle: {   //设置主标题格式
```

```
6.          color: '#FF0000',
7.          fontSize: 20
8.      },
9.      show: true   //是否显示标题组件，默认为true
10. }
```

title组件常用参数说明如下：

text：主标题文本，支持用\n换行。

subtext：副标题文本，支持用\n换行。

left：表示与容器左侧的距离。可以用left、center、right设置，也可以用具体像素值设置，还可以用百分比值设置，例如10%，表示距左侧的距离为容器的10%。

textStyle：设置主标题文本格式，常见的设置有color（字体颜色）、fontStyle（字体样式）、fontSize（字体大小）等。

show：是否显示标题组件，默认为true。

（2）提示框

提示框组件通过tooltip进行配置，代码如下：

```
1. tooltip: {
2.     trigger: 'axis',
3.     axisPointer: {
4.         type: 'cross'
5.     },
6.     formatter:'{b}<br />{a}:{c}'
7. }
```

tooltip组件常用参数说明如下：

trigger：触发类型，可选参数有item（图形触发）、axis（坐标轴触发）、none（不触发）。

axisPointer：坐标轴指示器配置项。type是该参数的子参数，用于设置指示器类型，包括line（直线）、shadow（阴影）、cross（十字准星）、none（无显示）等指示器。

formatter：提示框浮层内容格式器，支持"字符串模板"和"回调函数"两种形式。一般使用字符串模板，模板变量有{a}、{b}、{c}、{d}、{e}，分别表示系列名、数据名、数据值等。在trigger为axis的时候，如果有多个系列的数据，可以通过{a0}、{a1}、{a2}这种后面加索引的方式标示系列。不同图表类型下的{a}、{b}、{c}、{d}含义不一样：

在折线（区域）图、柱状（条形）图、K线图中，{a}表示系列名称，{b}表示类目值，{c}表示数值，无{d}。

在散点图（气泡）图中，{a}表示系列名称，{b}表示数据名称，{c}表示数值数组，无{d}。

在地图中，{a}表示系列名称，{b}表示区域名称，{c}表示合并数值，无{d}。

在饼图、仪表盘、漏斗图中，{a}表示系列名称，{b}表示数据项名称，{c}表示数值，{d}表示百分比。

提示框组件设置效果如图2-1-6所示。

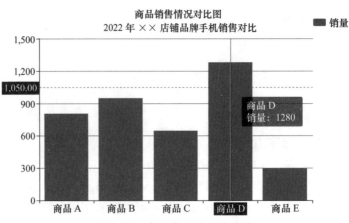

图2-1-6 提示框组件设置效果

（3）工具栏

工具栏组件通过toolbox进行配置，代码如下：

```
1.  toolbox: {
2.      show : true,
3.      feature : {
4.          dataView : {show: true, readOnly: false},
5.          magicType: {show: true, type: ['line', 'bar']},
6.          restore : {show: true},
7.          saveAsImage : {show: true},
8.          dataZoom: {show: true}
9.      }
10. }
```

toolbox组件常用参数说明如下：

show：是否显示工具栏组件，取值为布尔数据，默认为true。

feature：工具栏配置项，指定工具设置参数，常用子参数包括dataView、magicType、restore、saveAsImage、dataZoom等。dataView是数据视图工具，可以看到可视化的底层数据；magicType是动态类型切换工具，可以将一种可视化转换为另一种可视化；restore是配置项还原工具，可以将可视化还原到初始的设置；saveAsImage是图片保存工具，可以将可视化结果保存到本地；dataZoom是缩放工具，可以实现数据区域的放大和缩小。

上述代码设置效果如图2-1-7所示。

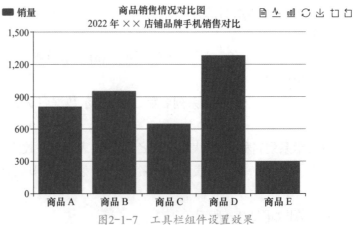

图2-1-7 工具栏组件设置效果

图2-1-7右上角第一个按钮是数据视图工具，单击后呈现底层数据；第二个按钮是切换为折线图工具；第三个按钮是切换为柱状图工具；第四个按钮为还原工具；第五个按钮是下载保存为图片工具；第六个、第七个按钮分别为区域缩放、缩放还原工具。

（4）图例

图例组件通过legend进行配置，代码如下：

```
1.  legend: {
2.      data: ['销量', '进货量'],
3.      left: 'right',
4.      top: '7%',
5.      orient: 'horizontal'
6.  }
```

legend组件常用参数说明如下：

data：图例中的数据数组，与数据展示的series（系列）一一对应，data数组中的值要与数据series的name值一一对应。

left：与容器左侧的距离，取值可以是left、center、right，可以是具体像素值，也可以是相对于容器的百分比值。

top：与容器顶部的距离，取值可以是top、middle、bottom，可以是具体像素值，也可以是相对于容器的百分比值。

orient：图例列表的布局朝向，默认为horizontal（水平方向），也可以是vertical（竖直方向）。

legend组件只有与series组件相配合才能正确显示图例，包含图例的option的完整配置代码如下：

```
1.  var option = {
2.      title:{
3.          text: '商品销售情况对比图', //主标题
4.          left: 'center', //居中显示
5.          textStyle: {  //设置主标题格式
6.              color: '#FF0000',
7.              fontSize: 20
8.          },
9.          show: true   //是否显示标题组件，默认为true
10.     },
11.     legend: {  //图例
12.         data: ['销量', '进货量'],  //data参数对应series中的name
13.         left: 'right',
14.         top: '7%',
15.         orient: 'horizontal'
16.     },
17.     tooltip: {
18.         trigger: 'axis',
19.         axisPointer: {
20.             type: 'shadow'
21.         }
22.     },
23.     xAxis: {
```

```
24.        type:'category',
25.        data:["商品A","商品B","商品C","商品D","商品E"]
26.      },
27.      yAxis: {
28.        type: 'value'
29.      },
30.      series: [{
31.        name: '销量',
32.        type: 'bar',
33.        data: [950, 1200, 850, 800, 350]
34.      },
35.      {
36.        name: '进货量',
37.        type: 'bar',
38.        data: [1100, 1400, 700, 750, 450]
39.      }
40.      ]
41. };
```

上述代码设置效果如图2-1-8所示。

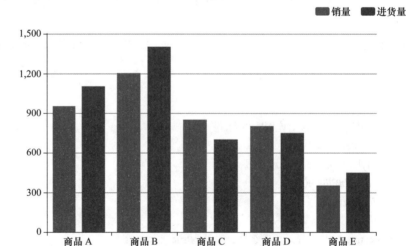

图2-1-8 图例组件设置效果

（5）时间轴

时间轴（timeline）组件提供了在多个ECharts option间进行切换、播放等操作的功能。时间轴和其他场景有些不同，它需要操作多个option。可以将ECharts传统的option称为原子option，包含多个原子option的option称为复合option。

下面看一个具体的timeline可视化示例，代码如下：

```
1.  <!DOCTYPE html>
2.  <html>
3.  <head>
4.      <meta charset="utf-8">
5.      <title>ECharts</title>
6.      <!-- 引入 ECharts.js -->
```

```
7.      <script src="js/ECharts.js"></script>
8.   </head>
9.   <body>
10.      <!-- 为ECharts准备一个DIV区块（DOM） -->
11.      <div id="main" style="width: 600px;height:400px;"></div>
12.      <script type="text/javascript">
13.          // 基于准备好的DOM，初始化ECharts实例
14.          var myChart=echarts.init(document.getElementById('main'));
15.          // 指定图表的配置项和数据
16.          var option = {
17.          baseOption: {
18.              timeline: {
19.                  data: ['2020-01-31', '2020-02-29', '2020-03-31'],
20.                  top:'89%'
21.              },
22.              grid: {},
23.              xAxis: [
24.                  {
25.                      type:'category',
26.                      data:['A公司','B公司','C公司']
27.                  }
28.              ],
29.              yAxis: [
30.                  {
31.                      type:'value'
32.                  }
33.              ],
34.              series: [
35.                  { // 系列一的公共配置
36.                      type: 'bar'
37.                  }
38.              ]
39.          },
40.          options: [
41.              { // 这是'1月' 对应的 option
42.                  title: {
43.                      text: '2020年1月销量情况'
44.                  },
45.                  series: [
46.                      {data: [400, 550, 300]} // 系列一的数据
47.                  ]
48.              },
49.              { // 这是'2月' 对应的 option
50.                  title: {
51.                      text: '2020年2月销量情况'
52.                  },
53.                  series: [
54.                      {data: [380, 500, 250]}
```

笔记：baseOption 是一个原子 option，options 数组中的每一项都是一个原子 option。

笔记：timeline.data 中的每一项，对应于 options 数组中的每个 option。

笔记：series 可以放置多个系列，用于设置公共配置。

笔记：series 可以放置多个系列，用于指定数据。

```
55.                    ]
56.                },
57.                { // 这是'3月' 对应的 option
58.                    title: {
59.                        text: '2020年3月销量情况'
60.                    },
61.                    series: [
62.                        {data: [700, 900, 1250]}
63.                    ]
64.                }
65.            ]};
66.            myChart.setOption(option);
67.        </script>
68.    </body>
69. </html>
```

笔记：ECharts 实例关联 option，使用 option 指定的配置项和数据显示图表。

上述代码设置效果如图2-1-9所示。

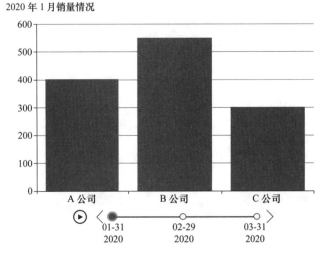

图2-1-9　时间轴组件设置效果

单击图2-1-9中的播放按钮，时间轴会向前推移，展示相应月份数据。

（6）数据区域缩放

数据区域缩放可以实现区域放大、查看数据图表细节。前面工具栏组件提供了数据缩放按钮，可以通过该按钮实现区域的放大和还原。除此之外，也可以利用dataZoom组件，通过滑动条或鼠标滚轮实现缩放。

数据区域缩放组件通过dataZoom进行配置，代码如下：

```
1.  var option = {
2.      dataZoom: [
3.          {
4.              id: 'dataZoomX',
5.              type: 'slider',
6.              xAxisIndex: [0],
7.              filterMode: 'filter'
8.          },
9.          {
```

```
10.            id: 'dataZoomY',
11.            type: 'slider',
12.            yAxisIndex: [0],
13.            filterMode: 'empty'
14.        }
15.    ]}
```

dataZoom组件常用参数说明如下：

id：数据缩放组件ID，用来指定缩放对应的坐标轴，dataZoomX表示缩放x轴，dataZoomY表示缩放y轴。

type：缩放类型，包括slider、inside两类。slider表示滑动条型数据缩放，即用滑动条进行缩放；inside表示内置型数据区域缩放，即用鼠标滚轮进行缩放。

xAxisIndex：指定控制的x轴。如果有多个图表，就需要指定这个参数的取值来控制哪个图表的x轴。如果取值是一个数字，则控制的是一个轴；如果取值是一个数组，那么控制的是多个轴。代码如下：

```
1.  option={
2.     xAxis: [
3.         {...}, // 第一个 x轴
4.         {...}, // 第二个 x轴
5.         {...}, // 第三个 x轴
6.         {...}  // 第四个 x轴
7.     ],
8.     dataZoom: [
9.         { // 第一个 dataZoom 组件
10.            xAxisIndex: [0, 2] //表示这个 dataZoom 组件控制第一个和第三个 x轴
11.         },
12.         { // 第二个 dataZoom 组件
13.            xAxisIndex: 3 //表示这个 dataZoom 组件控制第四个x轴
14.         }
15.     ]
16. }
```

yAxisIndex：指定控制的y轴。如果有多个图表，就需要指定这个参数的取值来控制哪个图表的y轴。如果取值是一个数字，那么控制的是一个轴；如果取值是一个数组，那么控制的是多个轴。

filterMode：过滤模式，通过数据过滤以及在内部设置轴的显示窗口来达到数据窗口缩放的效果。过滤模式有多种，常用可选值如下：

filter：当前数据窗口外的数据，被过滤掉。这会影响其他轴的数据范围。每个数据项只要有一个维度在数据窗口外，整个数据项就会被过滤掉。

weakFilter：当前数据窗口外的数据，被过滤掉。这会影响其他轴的数据范围。每个数据项，只有当全部维度都在数据窗口同侧外部时，整个数据项才会被过滤掉。

empty：当前数据窗口外的数据，被设置为空。这不会影响其他轴的数据范围。

none：不过滤数据，只改变数轴范围。

下面看一个具体的dataZoom可视化示例，代码如下：

```
1.  // 基于准备好的DOM，初始化ECharts实例
2.  var myChart = echarts.init(document.getElementById('main'));
3.  // 指定图表的配置项和数据
4.  var option = {
5.        title:{text:'dataZoom数据缩放'},
6.        dataZoom: [
7.            {
8.                id: 'dataZoomX',
9.                type: 'slider',
10.               xAxisIndex: [0],
11.               filterMode: 'filter'
12.           },
13.           {
14.               id: 'dataZoomY',
15.               type: 'slider',
16.               yAxisIndex: [0],
17.               filterMode: 'empty'
18.           }
19.       ],
20.       xAxis: {type: 'category'},
21.       yAxis: {type: 'value'},
22.       series:{
23.           type: 'bar',
24.           data: [
25.               // 第一列对应 x 轴，第二列对应 y 轴。
26.               ['1月', 22], ['2月', 25], ['3月', 40],
27.               ['4月', 50], ['5月', 45]
28.           ]
29.       }
30.  };
31.  // 使用刚指定的配置项和数据显示图表。
32.  myChart.setOption(option);
```

上述代码设置效果如图2-1-10所示。

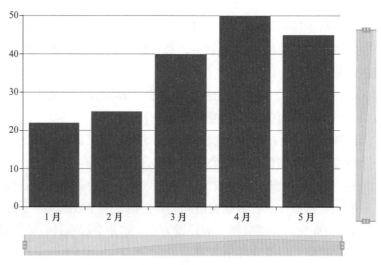

图2-1-10 数组区域缩放组件设置效果

图2-1-10中，可以随意拖到x轴或y轴滑动条的两端，实现窗口数据缩放。由于x轴的filterMode为filter，y轴的filterMode为empty，则x轴作为主轴，x的缩放会影响y轴数据，y轴作为辅助轴，y轴的缩放不会影响x轴的数据。

（7）网格

网格组件通过grid进行配置，代码如下：

```
1.  grid:{
2.    show:true,
3.    x:'7%',
4.    y:'7%',
5.    width:'85%',
6.    height:'85%',
7.    backgroundColor:'#f5f5f5'
8.  }
```

grid组件常用参数说明如下：

show：表示是否显示直角坐标系网格。

x：网格组件离容器左侧的距离。

y：网格组件离容器上侧的距离。

width：网格组件的宽度。

height：网格组件的高度。

backgroundColor：网格背景颜色，默认透明。

上述代码设置效果如图2-1-11所示。

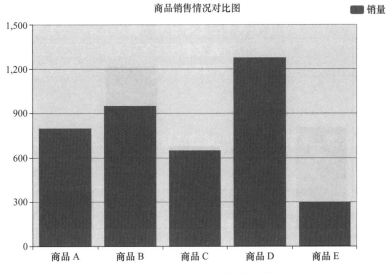

图2-1-11　网格组件设置效果

（8）坐标轴

常见的坐标轴是二维直角坐标轴，横轴（xAxis，即x轴）和纵轴（yAxis，即y轴）两个组件常被使用，代码如下：

```
1.  xAxis: {
2.    position: 'bottom',
3.    type:'category',
4.    name:'商品名称',
5.    nameLocation:'center',
```

```
6.        nameGap:28,
7.        data: ["商品A","商品B","商品C","商品D","商品E"]
8.    },
9.    yAxis: {
10.       position: 'left',
11.       type:'value',
12.       name:'商品销量',
13.       nameLocation:'center',
14.       nameGap:35,
15. }
```

xAxis和yAxis组件常用参数说明如下：

position：指定x轴或y轴的位置。对于xAxis，可选参数为top、bottom；对于yAxis，可选参数为left、right。

type：用于指定坐标轴的类型。可选参数包括：value，数值轴，适用于连续数据；category，类目轴，适用于离散的类目数据；time，时间轴，适用于连续的时序数据；log，对数轴，适用于对数数据。

name：指定坐标轴的名称。

nameLocation：坐标轴名称的显示位置。可选参数为：start，起始位置；middle或者center，中间位置；end，结束位置。

nameGap：坐标轴名称与轴线之间的距离。

上述代码设置效果如图2-1-12所示。

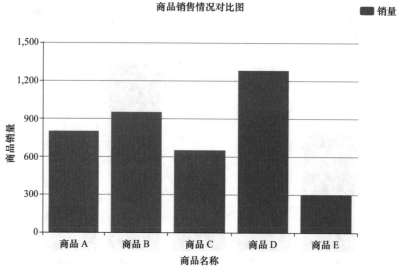

图2-1-12　坐标轴组件设置效果

（9）数据系列

数据系列是数据的容器，一个图表可以包含多个数据系列，多个系列放在数组结构中。每个系列由大括号组成，包含若干键值对。数据系列通过series进行配置，代码如下：

```
1.  series: [{
2.      name: '销量',
3.      type: 'bar',
4.      label:{show:true,position:'top'},
5.      itemStyle:{color:'#0000FF',shadowBlur:10},
```

```
6.    data: [950, 1200, 850, 800, 350]
7.  },
8.  {
9.    name: '进货量',
10.    type: 'bar',
11.    label:{show:true,position:'top'},
12.    itemStyle:{color:'#00FF00',shadowBlur:10},
13.    data: [1100, 1400, 700, 750, 450]
14. }]
```

series组件常用参数说明如下：

name：系列名称，用于提示框和图例显示系列名称。

type：用于指定图表类型，bar表示柱状图，line表示折线图，pie表示饼图。

label：用于显示图形上的文本标签，可用于说明图形的一些数据信息，比如值、名称等。show为是否显示标签，position为显示位置。

itemStyle：用于指定图形样式。color用于设置图形颜色，shadowBlur用于设置图形阴影的模糊程度。

data：用于指定该系列的数据内容。

上述代码设置效果如图2-1-13所示。

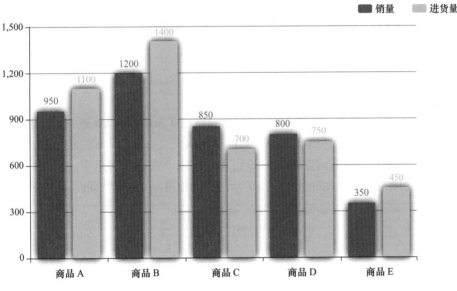

图2-1-13 数据系列组件设置效果

任务实施

子任务1 搭建ECharts开发环境

本任务的主要内容包括下载并安装ECharts，安装开发工具HBuilder X，使用HBuilder X开发ECharts项目。

1. 下载并安装ECharts

打开ECharts官网下载页面（https://ECharts.apache.org/zh/download.html），可以看到有三种下载方式：第一种是从下载的源代码或编译产物安装，第二种是从npm安装

（npm install ECharts）；第三种是选择需要的模块，在线定制下载并安装。这里选择第一种的"从GitHub下载编译产物"，如图2-1-14所示。

图2-1-14　ECharts官网下载

可以选择任一版本下载，这里为了保持一定的低版本兼容性，选择ECharts 4.8.0版本，如图2-1-15所示，单击"Download"按钮下载。

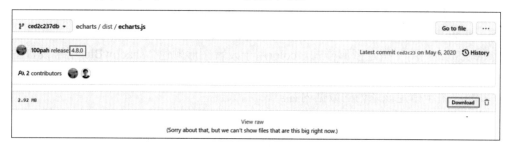

图2-1-15　选择版本下载

下载的echarts.js（或echarts.min.js）直接放在ECharts项目中。完成安装。

2. 安装开发工具HBuilder X

ECharts开发工具较多，常见的有HBuilder、Visual Studio Code等，这里选择HBuilder X作为开发工具。

要下载HBuilder X，可以进入官网DCloud按钮（https://www.dcloud.io/hbuilderx.html）下载最新版本。在下载页面单击"Download"，就可以下载HBuilderX.3.6.17.20230112.zip安装包。解压该安装包，得到软件列表。在解压目录中，双击HBuilderX.exe就可以启动HBuilder X，如图2-1-16所示。关闭软件时可创建桌面快捷方式。

图2-1-16　HBuilder X软件界面

3. 使用HBuilder X开发ECharts项目

在HBuilder X软件界面中，选择"文件"菜单，新建项目，在新建项目对话框中，选择"普通项目"，再选择"基本HTML项目"模板，确定项目名称为"myECharts"，创建项目。

用HBuilder X新建基本HTML项目后，需要将ECharts编译文件echarts.js放入项目的js目录下，再利用index.html或新建HTML文件创建ECharts图表，如图2-1-17所示。

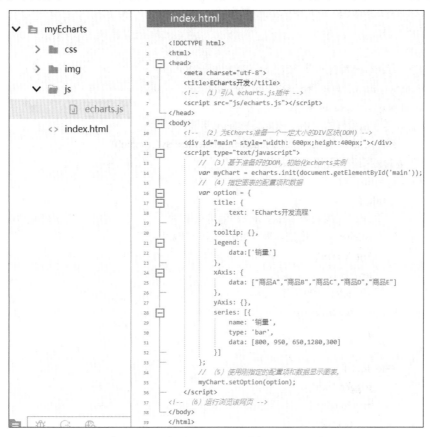

图2-1-17　使用HBuilder X进行ECharts开发

子任务2　绘制数码产品进货量与销量对比图

某数码专营店专营耳机、音响，其中无线蓝牙耳机销量一直最好。该数码专营店2022年上半年无线蓝牙耳机的进货量和销量数据，见表2-1-1。

表2-1-1　2022上半年无线蓝牙耳机进货量和销量数据

无线蓝牙耳机	1月	2月	3月	4月	5月	6月
进货量（件）	300	150	800	700	500	400
销量（件）	223	185	687	650	578	355

利用上面数据绘制聚合柱状图，横轴为月份，纵轴为数量，显示标题、提示框、工具栏、图例、网格，设置内置型数据区域缩放。

本任务完成步骤如下：

1. 编写代码

在HBuilder X中编写网页，实现数据可视化，按照引入echarts.js、准备DIV、创建

ECharts实例、配置option、关联ECharts实例和option等步骤编写代码。代码如下：

```
1.    <!DOCTYPE html>
2.    <html>
3.    <head>
4.        <meta charset="utf-8">
5.        <title>ECharts</title>
6.        <!-- 引入 echarts.js -->
7.        <script src="js/echarts.js"></script>
8.    </head>
9.    <body>
10.        <!-- 为ECharts准备一个一定大小的DIV区块(DOM) -->
11.        <div id="main" style="width: 680px;height:400px;"></div>
12.        <script type="text/javascript">
13.            // 基于准备好的DOM，初始化ECharts实例
14.            var myChart = echarts.init(document.getElementById('main'));
15.            // 指定图表的配置项和数据
16.            var option = {
17.                title:{
18.                    text: '无线蓝牙耳机进货量和销量对比图',
19.                    subtext: '——数码专营店2022年上半年数据',
20.                    left: 'center',
21.                    textStyle: {
22.                        color: '#0000FF',
23.                        fontSize: 16
24.                    }
25.                },
26.                tooltip: {
27.                    trigger: 'axis',
28.                    axisPointer: {
29.                        type: 'cross'
30.                    }
31.                },
32.                toolbox: {
33.                    show : true,
34.                    feature : {
35.                        dataView : {show: true, readOnly: false},
36.                        magicType: {show: true, type: ['line', 'bar']},
37.                        restore : {show: true},
38.                        saveAsImage : {show: true},
39.                        dataZoom: {show: true}
40.                    }
41.                },
42.                dataZoom: [
43.                    {
44.                        id: 'dataZoomX',
45.                        type: 'inside',
46.                        xAxisIndex: [0],
```

笔记：指定DIV容器大小。

笔记：设置标题。
主标题
副标题

笔记：设置标题文本样式。

笔记：设置提示框，通过坐标轴触发，十字准星指示器。

笔记：设置工具栏，包括数据视图、类型转换、还原设置、保存图片、数据缩放等按钮。

```
47.                    filterMode: 'filter'
48.                },
49.                {
50.                    id: 'dataZoomY',
51.                    type: 'inside',
52.                    yAxisIndex: [0],
53.                    filterMode: 'empty'
54.                }
55.            ],
56.            legend: {
57.                data: ['进货量', '销量'],
58.                left: 'right',
59.                top: '7%'
60.            },
61.            grid:{show:true},
62.            xAxis: {
63.                type:'category',
64.                data:['1月','2月','3月','4月','5月','6月']
65.            },
66.            yAxis: {
67.                type: 'value',
68.                max: 900
69.            },
70.            series: [{
71.                name: '进货量',
72.                type: 'bar',
73.                showBackground: true,
74.                label:{show:true,position:'top'},
75.                data: [300, 150, 800, 700, 500,400]
76.            },
77.            {
78.                name: '销量',
79.                type: 'bar',
80.                showBackground: true,
81.                label:{show:true,position:'top'},
82.                data: [223, 185, 687, 650, 578, 355]
83.            }]
84.        };
85.
86.        // 使用刚指定的配置项和数据显示图表。
87.        myChart.setOption(option);
88.    </script>
89. </body>
90. </html>
```

笔记：设置数据区域缩放，控制 x 轴的缩放模式为 filter，控制 y 轴的缩放模式为 empty。

笔记：设置图例。

笔记：设置网格。
笔记：设置 x 轴类型和数据。

笔记：设置 y 轴类型和数据最大值。

笔记：设置两个系列及其属性。

2. 浏览网页，检验效果

最终结果如图2-1-18所示。

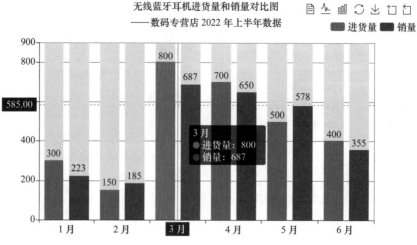

图2-1-18　销量与进货量对比柱状图

图2-1-18为双柱聚合柱状图，红色柱子为1月至6月的进货量，深蓝色柱子为1月至6月的销量。其中每根柱条都显示了背景色，单击图例可以关闭或打开某系列的柱子，用鼠标滚轮可以缩放数据区域。

子任务3　绘制2017年—2020年各品牌数码产品销量情况对比图

某通信产品店主要销售数码产品，蓝牙/无线耳机销售是其主打业务。为了更好地了解近几年各种品牌耳机销量情况，以便改进营销策略，该通信产品店整理了2017年至2020年主要品牌耳机的销量数据，见表2-1-2。

表2-1-2　通信产品店2017年—2020年各品牌耳机销量数据

（单位：件）

年份	耳机品牌					
	华　为	漫步者	小　米	苹　果	beats	联　想
2017	1287	2175	1488	1067	432	715
2018	2103	2165	1804	1103	541	812
2019	2207	2577	2205	1397	839	917
2020	2816	2687	2834	1588	962	1021

利用上面数据在一个ECharts实例对象中绘制4个子图，分别显示2017年—2020年主要品牌的销售数据，子图横轴为各品牌耳机名称，纵轴为年度销量。通过子图完成各年度销量对比。

本任务完成步骤如下：

1. 编写代码

要绘制4个子图，需要在同一个ECharts实例中创建4个直角坐标轴，对应4个网格，4个数据系列。横轴、纵轴分别使用gridIndex进行编号，对应网格用数组编号。数据系列的xAxisIndex、yAxisIndex编号分别对应横轴、纵轴的数组编号。代码如下：

```
1.  <!DOCTYPE html>
2.  <html>
3.      <head>
4.          <meta charset="utf-8">
5.          <title>ECharts</title>
```

```
6.              <!-- 引入 echarts.js -->
7.              <script src="js/echarts.js"></script>
8.          </head>
9.      <body>
10.             <!-- 为ECharts准备一个一定大小的DIV区块(DOM) -->
11.             <div id="main" style="width: 720px;height:540px;"></div>
12.             <script type="text/javascript">
13.                 // 基于准备好的DOM，初始化ECharts实例
14.                 var myChart=echarts.init(document.getElementById('main'));
15.                 // 指定图表的配置项和数据
16.                 var phones=['华为','漫步者','小米','苹果','beats','联想'];
17.                 var option = {
18.                     title: [{
19.                             text: '2017年各品牌耳机销量',
20.                             left: '12%'
21.                         },
22.                         {
23.                             text: '2018年各品牌耳机销量',
24.                             left: '62%'
25.                         }, [{
26.                             text: '2019年各品牌耳机销量',
27.                             left: '12%',
28.                             top: '48%'
29.                         }, {
30.                             text: '2020年各品牌耳机销量',
31.                             left: '62%',
32.                             top: '48%'
33.                         }
34.                     ],
35.                     tooltip: {
36.                         trigger: 'axis',
37.                         axisPointer: {
38.                             type: 'shadow'
39.                         }
40.                     },
41.                     xAxis: [{
42.                             gridIndex: 0,
43.                             name: '耳机',
44.                             type: 'category',
45.                             axisLabel: {
46.                                 interval: 0
47.                             },
48.                             data: phones
49.                         },
50.                         {
51.                             gridIndex: 1,
52.                             name: '耳机',
53.                             type: 'category',
```

笔记：title 设置了 4 个子图的标题，使用了 left 和 top 进行相对定位。

笔记：设置了提示框，触发条件为坐标轴，类型是阴影指示器。

笔记：xAxis 设置了 4 个子图的横轴数据，gridIndex 编号对应网格数组的下标，axisLabel.interval 设置为 0，表示强制显示所有横轴标签。

```
54.              axisLabel: {
55.                  interval: 0
56.              },
57.              data: phones
58.          },
59.          {
60.              gridIndex: 2,
61.              name: '耳机',
62.              type: 'category',
63.              axisLabel: {
64.                  interval: 0
65.              },
66.              data: phones
67.          },
68.          {
69.              gridIndex: 3,
70.              name: '耳机',
71.              type: 'category',
72.              axisLabel: {
73.                  interval: 0
74.              },
75.              data: phones
76.          }
77.      ],
78.      yAxis: [{
79.          gridIndex: 0,
80.          name: '销量',
81.          max:3000
82.      },
83.      {
84.          gridIndex: 1,
85.          name: '销量',
86.          max:3000
87.      },
88.      {
89.          gridIndex: 2,
90.          name: '销量',
91.          max:3000
92.      },
93.      {
94.          gridIndex: 3,
95.          name: '销量',
96.          max:3000
97.      }
98.      ],
99.      grid: [{
100.         bottom: '58%',
101.         right: '57%'
102.     },
```

笔记：yAxis 设置了 4 个子图的纵轴数据，gridIndex 编号对应网格数组的下标。

笔记：grid 设置了 4 个子图的网格位置，使用 top、bottom、left、right 进行相对定位。

```
103.                    {
104.                        bottom: '58%',
105.                        left: '57%'
106.                    },
107.                    {
108.                        top: '58%',
109.                        right: '57%'
110.                    },
111.                    {
112.                        top: '58%',
113.                        left: '57%'
114.                    }
115.                ],
116.                series: [{
117.                    type: 'bar',
118.                    name: '2017',
119.                    xAxisIndex: 0,
120.                    yAxisIndex: 0,
121.                    data: [1287,2175,1488,1067,432,715]
122.                },
123.                    {
124.                        type: 'bar',
125.                        name: '2018',
126.                        xAxisIndex: 1,
127.                        yAxisIndex: 1,
128.                        data: [2103,2165,1804,1103,541,812]
129.                    },
130.                    {
131.                        type: 'bar',
132.                        name: '2019',
133.                        xAxisIndex: 2,
134.                        yAxisIndex: 2,
135.                        data: [2207,2577,2205,1397,839,917]
136.                    },
137.                    {
138.                        type: 'bar',
139.                        name: '2020',
140.                        xAxisIndex: 3,
141.                        yAxisIndex: 3,
142.                        data: [2816,2687,2834,1588,962,1021]
143.                    }
144.                ]
145.            };
146.            // 使用刚指定的配置项和数据显示图表。
147.            myChart.setOption(option);
148.        </script>
149.    </body>
150.</html>
```

笔记：series 设置了 4 个子图的数据系列，图表类型为柱状图（bar），分别定义了系列名称，指定了 x 轴、y 轴的数组编号，设置了纵轴数据。

笔记：title、xAxis、yAxis、grid、series 分别使用了数组形式设置 4 组参数，分别对应 4 个子图。

2. 浏览网页，检验效果

最终结果如图2-1-19所示。

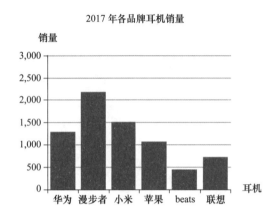

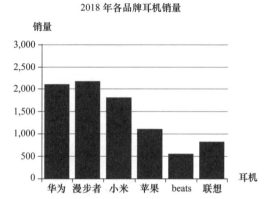

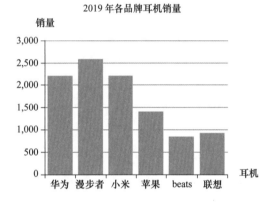

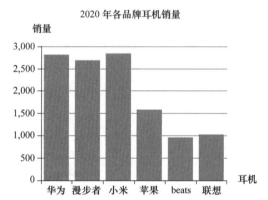

图2-1-19　2017年—2020年各品牌耳机销量对比图

上面4个子图，纵轴设置了相同的最高数值，方便对比这4年各种品牌耳机的销量情况。

任务2　应用直角坐标轴图描绘计算机销量情况

任务描述

为了描述不同品牌的数码产品不同月份销量变化情况，描述产品各月销量对比情况，以及影响产品销量的各种因素之间的关系，需要灵活运用折线图、柱状图、散点图和气泡图绘制各种图形，帮助商家分析产品销量情况、影响销量的因素，有助于商家改进经营方法和手段。

任务分析

本任务主要是使读者熟悉以直角坐标轴为框架的ECharts图形，包括折线图、柱状图、散点图、气泡图，能够绘制多条折线图、堆叠折线图，能够绘制垂直和水平柱状图、聚合柱状图、堆叠柱状图，能够绘制散点图和气泡图，能够区分这些图形的应用场合。

知识准备

1. 折线图

折线图是一种将点连接成线的基础图形，用于表示数据的变化趋势，一般用在时间序列中显示数据的趋势。

（1）基础折线图

ECharts创建折线图，需要将数据系列（series）中的type设为line，同时保证xAxis横轴数据长度和series纵轴数据长度一致，示例代码如下：

```
1.  option = {
2.      xAxis: {
3.          type: 'category',
4.          data: ['Mon', 'Tue', 'Wed', 'Thu', 'Fri', 'Sat', 'Sun']
5.      },
6.      yAxis: {
7.          type: 'value'
8.      },
9.      series: [{
10.         data: [150, 230, 224, 218, 135, 147, 260],
11.         type: 'line'
12.     }]
13. };
```

上述代码运行结果如图2-2-1所示。

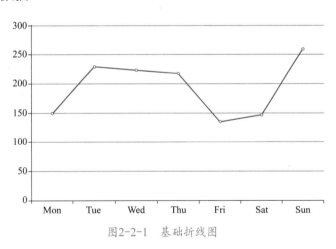

图2-2-1　基础折线图

在series中加入参数"smooth: true"就可以让折线变成平滑的曲线。

（2）多条折线图

当series数组中放入多个系列数据时，就可以绘制多条折线图，示例代码如下：

```
1.  option = {
2.      title: {
3.          text: '多条折线图'
4.      },
5.      tooltip: {
6.          trigger: 'axis'
```

```
7.      },
8.      legend: {
9.          data: ['视频广告','直接营销','搜索引擎'],
10.         left: 'right'
11.     },
12.     xAxis: {
13.         type: 'category',
14.         boundaryGap: false,
15.         data: ['Mon', 'Tue', 'Wed', 'Thu', 'Fri', 'Sat', 'Sun']
16.     },
17.     yAxis: {
18.         type: 'value'
19.     },
20.     series: [{
21.         name: '视频广告',
22.         type: 'line',
23.         smooth: 'true',
24.         data: [150, 232, 201, 154, 190, 330, 410]
25.     },
26.     {
27.         name: '直接营销',
28.         type: 'line',
29.         smooth: 'true',
30.         data: [320, 332, 301, 334, 390, 330, 320]
31.     },
32.     {
33.         name: '搜索引擎',
34.         type: 'line',
35.         smooth: 'true',
36.         data: [820, 932, 901, 934, 1290, 1330, 1320]
37.     }
38.     ]
39. };
```

上述代码中，legend图例的内容与series各数据系列的name值匹配，series共3个数据系列，对应3条折线图。代码运行结果如图2-2-2所示。

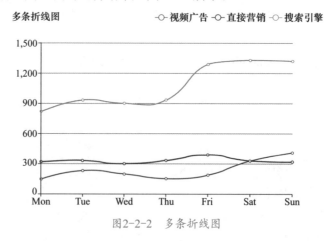

图2-2-2　多条折线图

（3）堆叠折线图

为了让数据呈现叠加效果，即从第一个系列数据开始，后一个系列数据在前一个系列数据的基础上，分别累加，并且填充折线与横轴之间的区域，那么可以在series参数的每个系列中加上stack和areaStyle参数。

stack：Total实现数据的叠加，stack后面引号内容相同即可。

areaStyle：{}实现数据区域的填充，大括号内容可以为空。

在上一个示例基础上，实现数据堆叠只要修改series参数即可，代码如下：

```
1.  series: [{
2.       name: '视频广告',
3.       type: 'line',
4.       smooth: 'true',
5.       stack:'Total',
6.       areaStyle: {},
7.       data: [150, 232, 201, 154, 190, 330, 410]
8.   },
9.   {
10.      name: '直接营销',
11.      type: 'line',
12.      smooth: 'true',
13.      stack:'Total',
14.      areaStyle: {},
15.      data: [320, 332, 301, 334, 390, 330, 320]
16.  },
17.  {
18.      name: '搜索引擎',
19.      type: 'line',
20.      smooth: 'true',
21.      stack:'Total',
22.      areaStyle: {},
23.      data: [820, 932, 901, 934, 1290, 1330, 1320]
24.  }
25. ]
```

堆叠折线图运行结果如图2-2-3所示。

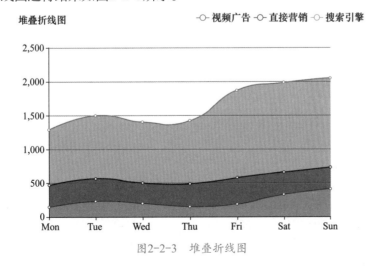

图2-2-3　堆叠折线图

2. 柱状图

柱状图一般用于表示类别数据的大小，用于数据之间的比较，适用于较小的数据集分析。

（1）基础柱状图

将series参数中的type设置为bar就可以绘制柱状图。

```
1.  option = {
2.     xAxis: {
3.        type: 'category',
4.        data: ['Mon', 'Tue', 'Wed', 'Thu', 'Fri', 'Sat', 'Sun']
5.     },
6.     yAxis: {
7.        type: 'value'
8.     },
9.     series: [
10.       {
11.         data: [120, 200, 150, 80, 70, 110, 130],
12.         type: 'bar'
13.       }
14.    ]
15. };
```

在series参数中加上showBackground: true，可以为柱子设置背景色。

在series参数中加上label:{ show: true, position: 'top' }，可在柱子上方显示刻度值。

在xAxis中加上axisTick: {alignWithLabel: true}，可以设置坐标轴刻度与标签对齐。

（2）聚合柱状图

在一些场景中，横轴上每一类别可能有两个及两个以上维度，为了更直观地显示各维度信息，需要使用聚合柱状图来表示。聚合柱状图会在series参数中加入多个系列的数据，一般会设置legend图例，图例元素与系列个数一致。示例如下：

```
1.  legend: {
2.     data: ['销量', '进货量'],
3.     left: 'right',
4.     top: '7%'
5.  },
6.  xAxis: {
7.     type:'category',
8.     data:['商品A','商品B','商品C','商品D','商品E']
9.  },
10. yAxis: {
11.    type: 'value'
12. },
13. series: [{
14.    name: '销量',
15.    type: 'bar',
16.    label: {show:true, position:'top'},
17.    data: [950, 1200, 850, 800, 350]
18. },
```

```
19. {
20.    name: '进货量',
21.    type: 'bar',
22.    label: {show:true, position:'top'},
23.        data: [1100, 1400, 700, 750, 450]
24. }]
```

聚合柱状图运行结果如图2-2-4所示。

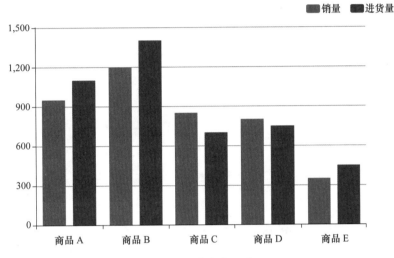

图2-2-4　聚合柱状图

（3）水平柱状图

要将垂直柱状图修改成水平柱状图，只需将xAxis、yAxis的内容相互交换。如果要显示柱子刻度值，需要将label的position改成right，则刻度值将在水平柱子的右侧显示，如图2-2-5所示。

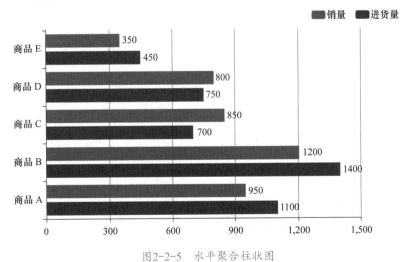

图2-2-5　水平聚合柱状图

（4）堆叠柱状图

聚合柱状图在一个类别下形成多个维度的柱子，如果要将多个维度数据放在一个柱子上并堆叠起来，显示成一段一段的效果，则可以创建堆叠柱状图。代码如下：

```
1.  option = {
2.      title:{
3.          text: '各网店商品销售情况对比图'
4.      },
5.      tooltip: {
6.          trigger: 'axis',
7.          axisPointer: {
8.              type: 'shadow'
9.          }
10.     },
11.     legend: {
12.         data: ['网店A', '网店B', '网店C'],
13.         left: 'right',
14.         top: '7%'
15.     },
16.     xAxis: {
17.         type: 'value'
18.     },
19.     yAxis: {
20.         type:'category',
21.         data:['商品A','商品B','商品C','商品D','商品E']
22.     },
23.     series: [{
24.         name: '网店A',
25.         type: 'bar',
26.         stack: 'Total',
27.         label: {show:true, position:'inside'},
28.         data: [950, 1200, 850, 800, 650]
29.     },
30.     {
31.         name: '网店B',
32.         type: 'bar',
33.         stack: 'Total',
34.         label: {show:true, position:'inside'},
35.         data: [1100, 1400, 700, 750, 450]
36.     },
37.     {
38.         name: '网店C',
39.         type: 'bar',
40.         stack: 'Total',
41.         label: {show:true, position:'inside'},
42.         data: [670, 990, 800, 580, 470]
43.     }]
44. };
```

上述代码series参数中的每个系列均代表一个网店，同一种商品在不同网店的销售数据形成堆叠效果，通过将stack设置为Total来实现，代码运行结果如图2-2-6所示。

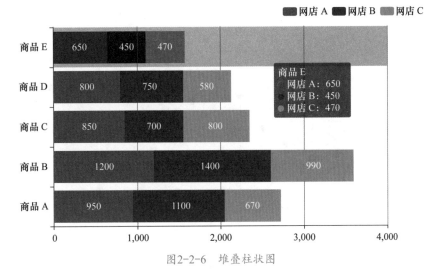

图2-2-6 堆叠柱状图

3. 散点图

散点图也是一种基础图形，一般用于展示两类数据之间的关系，表示因变量随自变量变化的大致趋势。其价值在于发现变量之间的关系，如线性关系、指数关系、对数关系等，或者没有关系，据此可以选择合适的函数对数据点进行拟合，因此更适合作为研究型图表。制作散点图需要将series中的type设置为scatter。

（1）基础散点图

基础散点图一般是一个类别的数据，数据分为x轴、y轴两个维度的数据，两个维度的数据可以组成数组，并放在series的data中。代码如下所示。

```
1.  option = {
2.    title:{text:'散点图'},
3.    xAxis: {},
4.    yAxis: {},
5.    tooltip: {
6.      trigger: 'axis',
7.      axisPointer: {
8.        type: 'cross'
9.      }
10.   },
11.   series: [{
12.     symbolSize: 10,
13.     data: [[10.0, 8.04], [8.07, 6.95], [13.0, 7.58], [9.05, 8.81],
14.       [14.0, 7.66], [3.03, 4.23], [12.2, 7.83], [2.02, 4.47],
15.       [1.05, 3.33], [4.05, 4.96], [6.03, 7.24], [5.02, 5.68]
16.     ],
17.     type: 'scatter'
18.   }]
19. };
```

上述代码中xAxis、yAxis都没有设置data数据，series中的data设置了二维数组，数组的第一列数据对应x轴的数据，第二列数据对应y轴的数据。type为scatter。代码运行结果如图2-2-7所示。

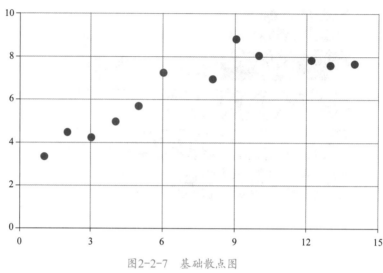

图2-2-7　基础散点图

（2）多类别散点图

基础散点图只有一种类别的数据，但有时需要在一个坐标系中显示不同类别的散点。这就需要用到多类别散点图，在series参数中增加新的系列数据来实现，且一般会增加图例进行区别。代码如下：

```
1.  option = {
2.      title:{text:'商品价格-销量关系散点图'},
3.      xAxis: {scale:true},
4.      yAxis: {scale:true},
5.      tooltip: {
6.          trigger: 'axis',
7.          axisPointer: {
8.              type: 'cross'
9.          }
10.     },
11.     legend: {
12.         data:['商品1','商品2'],
13.         left:'right'
14.     },
15.     series: [{
16.         name:'商品1',
17.         data: [[3.5, 27], [2.75, 35], [2.5, 37], [2.25, 38],
18.             [2, 46], [1.75, 45], [1.6, 48], [1.5, 48], [2.8, 33]
19.         ],
20.         type: 'scatter'
21.     },{
22.         name:'商品2',
23.         data: [[4, 29], [4.5, 23], [4.25, 28], [3.8, 38],
24.             [3.7, 42], [3.5, 45], [3, 48], [2.75, 55], [2.5, 58]
25.         ],
```

```
26.        type: 'scatter'
27.    }]
28. };
```

上述代码中xAxis、yAxis设置scale为true，用于控制坐标轴数值范围，基本上以实际数据的大小范围设置缩放比例。代码运行结果如图2-2-8所示。

商品价格 - 销量关系散点图

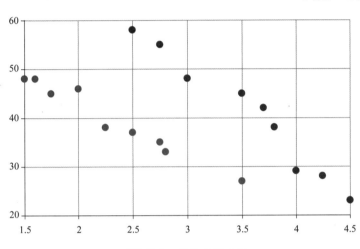

图2-2-8　多类别散点图

散点图结合统计方法（需要导入统计插件），可以根据散点的趋势绘制各种回归图，常见的如线性回归、指数回归、多项式回归，另外还可以实现数据聚合可视化效果等。

4. 气泡图

气泡图与散点图类似，只是在原来两个维度的基础上增加了一个维度的数据，用来表示点的大小。因此，气泡图数据内部数组应该有3个元素，分别为x轴、y轴、气泡图大小的数据。代码如下：

```
1.  option = {
2.      title:{text:'气泡图'},
3.      xAxis: {},
4.      yAxis: {},
5.      tooltip: {
6.          trigger: 'axis',
7.          axisPointer: {
8.              type: 'cross'
9.          }
10.     },
11.     series: [{
12.         data: [
13.             [10.0, 8.04,20], [8.07, 6.95,10], [13.0, 7.58,30],
14.             [9.05, 8.81,10], [14.0, 7.66,10], [3.03, 4.23,10],
15.             [12.2, 7.83,40], [2.02, 4.47,5], [1.05, 3.33,10],
16.             [4.05, 4.96,40], [6.03, 7.24,20], [5.02, 5.68,5]
17.         ],
18.         symbolSize:function(data){
```

```
19.        return data[2];
20.      },
21.      type: 'scatter'
22.    }]
23. };
```

上述代码中,data内部数组有3个元素,第3个元素代表气泡的大小,在symbolSize中指定,使用function函数传递data并返回下标为2的元素来指定。代码运行结果如图2-2-9所示。

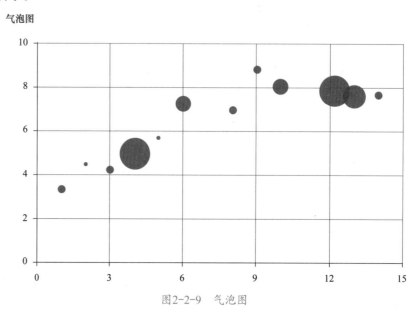

气泡图

图2-2-9 气泡图

任务实施

子任务1 3种品牌计算机各月销量折线图绘制

某计算机专卖店主要销售品牌计算机,2021年3种品牌计算机每月销量见表2-2-1。

表2-2-1 2021年3种品牌计算机每月销量

品牌计算机	1月	2月	3月	4月	5月	6月	7月	8月	9月	10月	11月	12月
联想	53	32	65	103	87	51	34	30	78	96	73	61
宏碁	22	18	45	75	67	42	25	27	76	54	59	41
华硕	37	15	43	65	78	49	23	21	69	70	63	38

利用上面数据绘制多条折线图,横轴为月份,纵轴为数量,显示标题、提示框、图例,并显示每种品牌计算机的平均销量标志线。

本任务完成步骤如下:

1. 编写代码

本任务要绘制3条折线图,分别对应联想、宏碁、华硕3种品牌计算机的销量数据,3个系列的数据分别放在series参数中,legend图例名称分别对应series参数各系列的名称。每个系列增加markLine(标志线),类型为average(平均值)。代码如下:

```
1.  option = {
2.      title: {
3.          text: '2021年3种品牌计算机每月销量',
4.          left:'center'
5.      },
6.      tooltip: {
7.          trigger: 'axis'
8.      },
9.      legend: {
10.         data: ['联想','宏碁','华硕'],
11.         left: 'right',
12.         top: '7%'
13.     },
14.     xAxis: {
15.         type: 'category',
16.         boundaryGap: false,
17.         data: ['1月', '2月', '3月', '4月', '5月', '6月', '7月', '8月', '9月', '10月', '11月', '12月']
18.     },
19.     yAxis: {
20.         type: 'value'
21.     },
22.     series: [{
23.             name: '联想',
24.             type: 'line',
25.             smooth: 'true',
26.             data: [53,32,65,103,87,51,34,30,78,96,73,61],
27.             markLine: {
28.                 data: [{ type: 'average', name: 'Avg' }]
29.             }
30.         },
31.         {
32.             name: '宏碁',
33.             type: 'line',
34.             smooth: 'true',
35.             data: [22,18,45,75,67,42,25,27,76,54,59,41],
36.             markLine: {
37.                 data: [{ type: 'average', name: 'Avg' }]
38.             }
39.         },
40.         {
41.             name: '华硕',
42.             type: 'line',
43.             smooth: 'true',
44.             data: [37,15,43,65,78,49,23,21,69,70,63,38],
45.             markLine: {
46.                 data: [{ type: 'average', name: 'Avg' }]
47.             }
```

笔记：图例分别对应联想、宏碁、华硕3种品牌计算机。

笔记：boundaryGap 设为 false，表示两边不留空白，左边第一个值会从 y 轴开始。

笔记：3种品牌计算机的销量数据分别放在 series 参数的3个系列中。

笔记：各个系列都使用了 markLine，类型为 average，用来指定平均值标志线，标志线意味着这个系列平均值的高度。

```
48.         }
49.     ]
50. };
```

2. 浏览网页，检验效果

最终结果如图2-2-10所示。

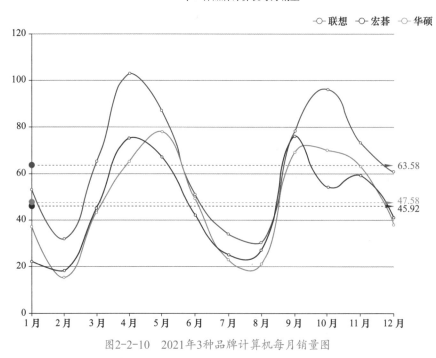

图2-2-10　2021年3种品牌计算机每月销量图

子任务2　历年笔记本计算机不同价位销量堆叠柱状图绘制

某联想笔记本计算机专卖店，为了了解客户对各种价位的喜欢程度，梳理了2016年—2022年联想笔记本计算机各种价位销量情况，见表2-2-2。

表2-2-2　2016年—2022年联想笔记本计算机各种价位销量

单位：台

年份	价位（元）					
	2999以下	3000～3999	4000～4999	5000～5999	6000～7999	8000以上
2016年	341	784	841	327	128	34
2017年	328	827	885	413	134	59
2018年	387	854	891	432	145	68
2019年	390	895	889	468	165	71
2020年	443	984	1003	543	157	69
2021年	497	1023	1324	556	145	54
2022年	518	1067	1437	593	154	48

利用上面数据绘制堆叠水平柱状图，纵轴为年份，横轴为销量，同一年份不同价位的销售数据显示在同一个柱子中。图表显示标题、提示框、图例。

本任务完成步骤如下：

1．编写代码

本任务DIV区块可以设得大一些，方便展示图表细节。代码如下：

```
1.  option = {
2.      title:{
3.          text: '2016年—2022年联想笔记本计算机各种价位销量情况',
4.          left: 'center'
5.      },
6.      tooltip: {
7.          trigger: 'axis',
8.          axisPointer: {type: 'cross'}
9.      },
10.     legend: {
11.         data: ['2999元以下', '3000～3999元', '4000～4999元', '5000～5999元', '6000～7999元', '8000元以上'],
12.         left: 'right',
13.         top: 'bottom'
14.     },
15.     xAxis: {type: 'value'},
16.     yAxis: {
17.         type:'category',
18.         data:['2016年','2017年','2018年','2019年','2020年','2021年','2022年']
19.     },
20.     series: [{
21.         name: '2999元以下',
22.         type: 'bar',
23.         stack: 'Total',
24.         label: {show:true, position:'inside'},
25.         data: [341,328,387,390,443,497,518]
26.     },
27.     {
28.         name: '3000～3999元',
29.         type: 'bar',
30.         stack: 'Total',
31.         label: {show:true, position:'inside'},
32.         data: [784,827,854,895,984,1023,1067]
33.     },
34.     {
35.         name: '4000～4999元',
36.         type: 'bar',
37.         stack: 'Total',
38.         label: {show:true, position:'inside'},
39.         data: [841,885,891,889,1003,1324,1437]
40.     },
41.     {
42.         name: '5000～5999元',
43.         type: 'bar',
```

笔记：legend 的 data 放置 6 个价位等级数据，分别对应 series 参数各系列的名称。

笔记：yAxis 的 data 放置 2016 年至 2022 年 7 个标签数据。

笔记：series 参数中放置 6 个系列数据，系列名称分别对应不同的价位等级。

笔记：各系列通过设置 stack 实现堆叠效果。

```
44.    stack: 'Total',
45.    label: {show:true, position:'inside'},
46.    data: [327,413,432,468,543,556,593]
47.  },
48.  {
49.    name: '6000～7999元',
50.    type: 'bar',
51.    stack: 'Total',
52.    label: {show:true, position:'inside'},
53.    data: [128,134,145,165,157,145,154]
54.  },
55.  {
56.    name: '8000元以上',
57.    type: 'bar',
58.    stack: 'Total',
59.    label: {show:true, position:'right'},
60.    data: [34,59,68,71,69,54,48]
61.  }]
62. };
```

2. 浏览网页，检验效果

最终结果如图2-2-11所示。

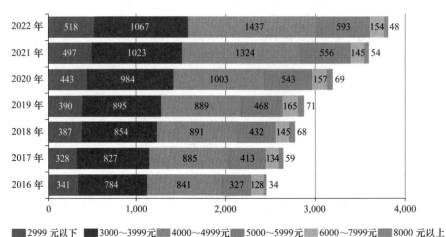

图2-2-11　2016年—2022年联想笔记本计算机各种价位销量柱状图

由图2-2-11可见，柱子以年份为类别，每根柱子按不同价位分成不同部分，不同价位的销量显示其中，最后一类价位由于销量较小，柱子宽度较窄，数字显示在其右侧。

子任务3　绘制联想各系列笔记本计算机销售利润情况气泡图

某联想笔记本计算机天猫专营店对2022年联想各系列笔记本计算机营收情况进行了统计，包括小新系列、拯救者系列、YOGA系列、ThinkBook系列的销售金额、利润、利润贡献占比，见表2-2-3。

表2-2-3　2022年联想各系列笔记本计算机营收情况

计算机型号	销售金额/元	利润/元	利润贡献占比（%）
联想小新Air14	977730	87995	10
联想小新Air15	1837625	174574	18
联想小新Pro14	4925136	492513	52
联想小新Pro16	652345	52187	6
联想拯救者Y7000	1507532	128140	14
联想拯救者R7000	590733	44305	4
联想拯救者Y9000	4075323	407532	44
联想拯救者R9000	802996	64239	6
联想YOGA14S	1669536	158605	16
联想YOGA16S	1400217	119018	12
联想ThinkBook 13	314352	29863	4
联想ThinkBook 14	827892	82789	8
联想ThinkBook 15	485514	43696	4

利用表2-2-3数据绘制气泡图，横轴为销售金额，纵轴为利润，利润贡献占比数值为气泡大小。图表显示标题、提示框等信息，提示框要求显示计算机型号，以及销售金额、利润。

本任务完成步骤如下：

1. 编写代码

本任务的关键是series参数的编写，提取数组各列的值分别显示x轴数值、y轴数值、气泡大小、提示信息。代码如下：

```
1.  option = {
2.      title:{text:'2022年联想各系列笔记本计算机营收情况'},
3.      xAxis: {scale:true},
4.      yAxis: {scale:true},
5.      tooltip: {
6.          trigger: 'axis',
7.          axisPointer: {type: 'cross'}
8.      },
9.      series: [{
10.         data: [
11.             [977730, 87995, 10, '联想小新Air14'],
12.             [1837625, 174574, 18, '联想小新Air15'],
13.             [4925136, 492513, 52, '联想小新Pro14'],
14.             [652345, 52187, 6, '联想小新Pro16'],
15.             [1507532, 128140, 14, '联想拯救者Y7000'],
16.             [590733, 44305, 4, '联想拯救者R7000'],
17.             [4075323, 407532, 44, '联想拯救者Y9000'],
18.             [802996, 64239, 6, '联想拯救者R9000'],
19.             [1669536, 158605, 16, '联想YOGA14S'],
20.             [1400217, 119018, 12, '联想YOGA16S'],
21.             [314352, 29863, 4, '联想ThinkBook 13'],
22.             [827892, 82789, 8, '联想ThinkBook 14'],
```

笔记：data 数组各列由销售金额、利润、利润贡献占比、计算机型号组成数组下标为 0 的元素，对应 x 轴的数值。

下标为 1 的元素对应 y 轴的数值。

笔记：symbolSize
气泡大小由数组下标为2
的元素决定。

笔记：emphasis
提示信息由数组下标为3
的元素决定，提示标签显
示在上方。

```
23.        [485514, 43696, 4, '联想ThinkBook 15'],
24.      ],
25.      symbolSize:function(data){
26.        return data[2];
27.      },
28.      emphasis: {
29.        focus: 'series',
30.        label: {
31.          show: true,
32.          formatter: function (param) {
33.            return param.data[3];
34.          },
35.          position: 'top'
36.        }
37.      },
38.      type: 'scatter'
39.    }]
40. };
```

2. 浏览网页，检验效果

最终结果如图2-2-12所示。

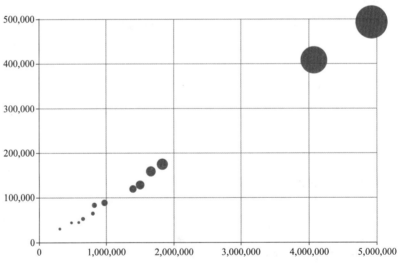

图2-2-12　2022年联想各系列笔记本计算机营收情况气泡图

由图2-2-12可见，气泡点随着横轴的销售金额增大，利润增多，而逐渐增大，气泡点基本呈线性增长关系。

任务3　应用非直角坐标轴图描绘手机经营状况

任务描述

为了分析不同型号手机产品销售利润占比情况、销售目标达成情况、影响手机销

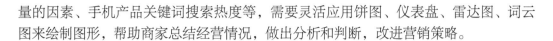

量的因素、手机产品关键词搜索热度等，需要灵活应用饼图、仪表盘、雷达图、词云图来绘制图形，帮助商家总结经营情况，做出分析和判断，改进营销策略。

任务分析

本任务旨在使读者熟悉非直角坐标轴的ECharts图形，包括饼图、仪表盘、雷达图、词云图，要求能够绘制饼图、圆环图，能够绘制仪表盘、雷达图，能够绘制不同形状的词云图，并能够区分这些图形的应用场合。

知识准备

1. 饼图

饼图是一种用于展示各项数据的大小与各项数据总和的比例的基本图形，通过扇形或圆环的大小来反映各项占总和的比例的大小。ECharts绘制饼图，需要将ECharts中series的type设置为pie。

（1）基础饼图

基础饼图通过扇形的大小来表示各项占比。基础饼图一般会设置标题、提示框、图例、系列等，其中提示框触发条件不再是轴（axis），而是项（item）。饼图中每一个扇形代表一项数据，对应图例中的每一项值。系列中data各项以字典方式存储数据。基础饼图的ECharts代码如下：

```
1.  option = {
2.    title: {
3.        text: '商品购买访问方式',
4.        left: 'center'
5.    },
6.    tooltip: {
7.        trigger: 'item',
8.        formatter:'{a} <br/>{b} : {c} ({d}%)'
9.    },
10.   legend: {
11.       orient: 'vertical',
12.       left: 'right'
13.   },
14.   series: [
15.       {
16.       name: '访问方式',
17.       type: 'pie',
18.       radius: '50%',
19.       data: [
20.           { value: 1048, name: '搜索引擎' },
21.           { value: 735, name: '直接访问' },
22.           { value: 580, name: '电子邮件' },
23.           { value: 484, name: '联盟广告' },
24.           { value: 300, name: '视频广告' }
25.       ],
```

> 📝笔记: tooltip 提示信息显示格式为 {a}
{b} : {c} ({d}%)，使用了 a、b、c、d 4 个变量，分别用大括号括起来。{a} 代表系列名称，由 series 参数的 name 值决定；{b} 代表数据项名称，由 data 的 name 值决定；{c} 代表数值，由 data 的 value 值决定；{d} 代表该项在所有项中的占比数值。

> 📝笔记: legend 的方向为 vertical，表示垂直方向，显示在右端。

> 📝笔记: series 中 type 为 pie，表示饼图，data 各项分别放到字典中，value 代表数据值，name 代表数据项的名称。

笔记：emphasis
用于设置鼠标移入的高亮
样式，其中shadowBlur表示
阴影模糊值，shadowOffsetX
表示阴影偏离位置，
shadowColor表示阴影颜色。

```
26.        emphasis: {
27.            itemStyle: {
28.                shadowBlur: 10,
29.                shadowOffsetX: 0,
30.                shadowColor: 'rgba(0, 0, 0, 0.5)'
31.            }
32.        }
33.    }
34.    ]
35. };
```

代码运行结果如图2-3-1所示。

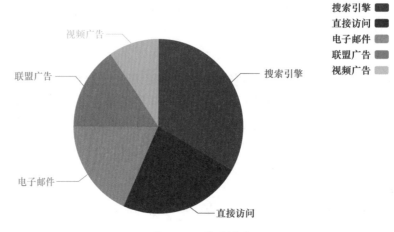

图2-3-1 基础饼图

（2）环形图

环形图通过圆环的大小来反映各项所占比例的大小。要创建环形图，只需要在series参数中加上radius，从而规定内环、外环直径即可。环形图的ECharts代码如下：

```
1.  option = {
2.      title: {
3.          text: '商品购买访问方式',
4.          left: 'center'
5.      },
6.      tooltip: {
7.          trigger: 'item',
8.          formatter:'{a} <br/>{b} : {c} ({d}%)'
9.      },
10.     legend: {
11.         orient: 'vertical',
12.         left: 'right'
13.     },
14.     series: [
15.         {
```

笔记：设置提示
框，触发类型为item图项。

笔记：设置图例，
指定朝向和位置。

```
16.        name: '访问方式',
17.        type: 'pie',
18.        radius: ['50%','70%'],
19.        data: [
20.            { value: 1048, name: '搜索引擎' },
21.            { value: 735, name: '直接访问' },
22.            { value: 580, name: '电子邮件' },
23.            { value: 484, name: '联盟广告' },
24.            { value: 300, name: '视频广告' }
25.        ],
26.        emphasis: {
27.            label: {
28.                show: true,
29.                fontSize: 20,
30.                fontWeight: 'bold'
31.            }
32.        },
33.    }
34. ]
35. };
```

📝 笔记：radius 设为 ['50%','70%'] 来规定圆环的大小，表示圆环内径占 ECharts 网格 50%，圆环外径占 ECharts 网格 70%。

📝 笔记：emphasis 用于鼠标移入数据项突出显示圆环，标签字体加粗并增大。

代码运行结果如图2-3-2所示。

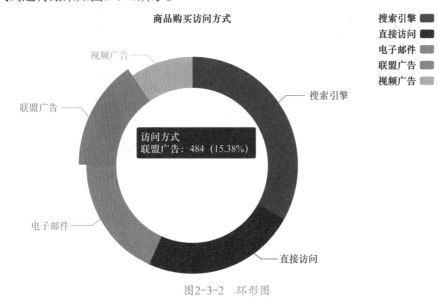

图2-3-2　环形图

2. 仪表盘

仪表盘是用于表示某事件进度状态的一种图形，一般用于强调或重点展示状态值。ECharts绘制仪表盘，需要将series参数中type设为gauge。基础仪表盘代码如下：

```
1. option = {
2.    tooltip: {
3.        formatter: '{a} <br/>{b} : {c}%'
4.    },
```

📝 笔记：tooltip 提示框显示系列名称、数据项名称、数据值。

笔记: series 中 type 为 gauge，表示仪表盘，detail 指定在仪表盘中显示 data 的数值，data 规定了数据值和数据名称。

```
5.      series: [
6.        {
7.          name: '压力值',
8.          type: 'gauge',
9.          detail: {
10.             formatter: '{value}'
11.         },
12.         data: [
13.           {
14.              value: 50,
15.              name: '评分'
16.           }
17.         ]
18.       }
19.     ]
20. };
```

代码运行结果如图2-3-3所示。

图2-3-3　仪表盘

3. 雷达图

雷达图用于描述不同单位事物多个特性的表现差异，从圆心开始的多条轴线上显示多变量数据，主要描述多项指标的数值，以及对应的占比情况。ECharts绘制雷达图，需要将series参数中type设为radar。基础雷达图代码如下：

```
1.  option = {
2.     title: {
3.       text: '公司财务预算与开销雷达图'
4.     },
5.     tooltip: {},
6.     legend: {
7.       data: ['预算分配', '实际支出'],
8.       left: 'right'
9.     },
```

```
10.    radar: {
11.      indicator: [
12.        { name: '销售', max: 6000 },
13.        { name: '管理', max: 10000 },
14.        { name: '信息技术', max: 30000 },
15.        { name: '客户维持', max: 40000 },
16.        { name: '研发', max: 50000 },
17.        { name: '市场拓展', max: 25000 }
18.      ]
19.    },
20.    series: [
21.      {
22.        name: '预算与开销',
23.        type: 'radar',
24.        data: [
25.          {
26.            value: [4500, 6000, 25000, 35000, 50000, 20000],
27.            name: '预算分配'
28.          },
29.          {
30.            value: [5200, 9400, 28000, 28000, 46000, 22000],
31.            name: '实际支出'
32.          }
33.        ]
34.      }
35.    ]
36. };
```

代码运行结果如图2-3-4所示。

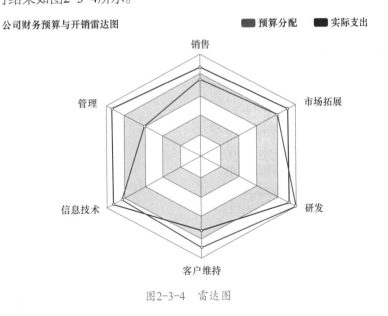

图2-3-4　雷达图

4. 词云图

词云图是对文本中出现频率较高的词语予以突出显示的图形，词语频率越高，字体越

笔记：radar 部分规定了雷达图的背景，indicator 中的 name 指定了雷达图每一个棱角的特征指标名称，max 指定了该指标的范围。

笔记：series 中指定了图表类型，type 设为 radar 即表示雷达图，data 指明了两个单位的具体数值，第一个单位为"预算分配"各个方面的金额，第二个单位为"实际支出"各个方面的金额。

大，显示越突出。词云图可以让浏览者快速感知突出的词语，从而抓住重点，理解主旨。

使用ECharts创建词云图，需要加载echarts-wordcloud.js插件，即在引入echarts.js后，还得引入echarts-wordcloud.js，引入代码如下：

```
<script src="js/echarts-wordcloud.js"> </script>
```

词云图代码如下：

```
1.   option = {
2.       title:{text:'词云图'},
3.       tooltip: {show: true},
4.       series: [{
5.           type: "wordCloud", //词云图
6.           gridSize:4, //词的间距
7.           shape:'circle', //词云形状
8.           sizeRange: [20, 65], //词云大小范围
9.           width:500, //词云网格显示宽度
10.          height:400, //词云网格显示高度
11.          textStyle: {
12.              normal: {
13.                  color: function() { //词云的颜色随机
14.                      return 'rgb(' + [
15.                          Math.round(Math.random() * 255),
16.                          Math.round(Math.random() * 255),
17.                          Math.round(Math.random() * 255)
18.                      ].join(',') + ')';
19.                  }
20.              },
21.              emphasis: {
22.                  shadowBlur: 10, //阴影的模糊等级
23.                  shadowColor: '#333' //鼠标悬停词云的阴影颜色
24.              }
25.          },
26.          data: [
27.              {name: '很好',value: 30},
28.              {name: '实用',value: 24},
29.              {name: '不错',value: 21},
30.              {name: '可以',value: 19},
31.              {name: '发货',value: 18},
32.              {name: '方便',value: 18},
33.              {name: '什么',value: 17},
34.              {name: '一个',value: 12},
35.              {name: '不好',value: 12},
36.              {name: '质量',value: 11},
37.              {name: '快递',value: 11},
38.              {name: '问题',value: 10},
39.              {name: '物流',value: 9},
40.              {name: '几天',value: 9},
41.              {name: '一般',value: 9},
```

笔记：series 中 type 设为 wordCloud，表示词云图；gridSize 为词语之间的距离；shape 设为 circle，表示词云的形状为圆形，另外可选 diamond（菱形）、pentagon（五边形）、triangle（三角形）、star（星形）等形状；sizeRange 表示词云大小范围，[20, 65] 表示词频最高的词语大小为 65，词频最低的词语大小为 20；width、height 分别表示词云网格的宽度和高度。

笔记：textStyle 中使用 function 函数设置了词语的颜色，使用随机函数返回红绿蓝 3 种颜色的 RGB 值；emphasis 设置了鼠标移入词语的阴影效果。

笔记：data 中使用字典方式存储了词语及词频，name 键对应词语，value 键对应词频，词云图的词语大小由词频决定

```
42.        {name: '就是',value: 9},
43.        {name: '使用',value: 8},
44.        {name: '怎么',value: 8},
45.        {name: '电池',value: 8},
46.        {name: '不能',value: 8},
47.        {name: '速度',value: 8},
48.        {name: '客服',value: 8},
49.        {name: '一星',value: 8},
50.        {name: '拍照',value: 8},
51.        {name: '摄像头',value:7},
52.    ],
53.   }]
54. };
```

代码运行结果如图2-3-5所示。

词云图

图2-3-5　词云图

任务实施

子任务1　华为各系列手机利润占比情况饼图绘制

某华为手机天猫专营店对2022年华为各系列手机销售利润情况进行了统计，包括Mate系列、P系列、Nova系列、畅享系列的销售利润，见表2-3-1。

表2-3-1　2022年华为各系列手机销售利润情况

手 机 型 号	利润/元
华为Mate30系列	87,995
华为Mate40系列	174,574
华为Mate50系列	492,513
华为P30系列	52,187
华为P40系列	128,140
华为P50系列	407,532
华为Nova7系列	44,305

（续）

手 机 型 号	利润/元
华为Nova8系列	64,239
华为Nova9系列	119,018
华为Nova10系列	158,605
华为畅享10系列	29,863
华为畅享20系列	43,696
华为畅享50系列	82,789

利用表2-3-1数据绘制饼图，显示标题、图例，饼图各扇区代表各种型号手机的销售利润，鼠标移入饼图显示各项名称、利润值及利润占比。

本任务完成步骤如下：

1. 编写代码

根据任务需求，编写代码如下：

```
1.   option = {
2.       title: {
3.           text: '2022年华为各系列手机销售利润占比情况',
4.           left: 'center'
5.       },
6.       tooltip: {
7.           trigger: 'item',
8.           formatter:'{b} :<br/>{c} ({d}%)'
9.       },
10.      legend: {
11.          orient: 'vertical',
12.          left: 'right'
13.      },
14.      series: [
15.          {
16.          name: '利润',
17.          type: 'pie',
18.          radius: '60%',
19.          data: [
20.              { value: 87995, name: 'Mate30系列' },
21.              { value: 174574, name: 'Mate40系列' },
22.              { value: 492513, name: 'Mate50系列' },
23.              { value: 52187, name: 'P30系列' },
24.              { value: 128140, name: 'P40系列' },
25.              { value: 407532, name: 'P50系列' },
26.              { value: 44305, name: 'Nova7系列' },
27.              { value: 64239, name: 'Nova8系列' },
28.              { value: 119018, name: 'Nova9系列' },
29.              { value: 158605, name: 'Nova10系列' },
30.              { value: 29863, name: '畅享10系列' },
31.              { value: 43696, name: '畅享20系列' },
32.              { value: 82789, name: '畅享50系列' }
```

笔记：title 设置了标题居中显示。

笔记：tooltip 触发条件为item，提示内容显示格式为 {b} :
{c} ({d}%)，代表数据项名称、利润值、利润占比。

笔记：图例设为垂直显示，右对齐。

笔记：series 中饼图大小为网格的 60%，data 项记录了各系列手机的名称（name）和利润（value）。

```
33.        ]
34.      }
35.    ]
36. };
```

2. 浏览网页，检验效果

最终结果如图2-3-6所示。

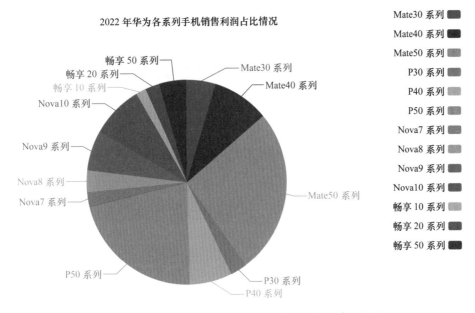

2022 年华为各系列手机销售利润占比情况

图2-3-6 2022年华为各系列手机销售利润占比情况饼图

图2-3-6以饼图方式显示了华为各系列手机销售利润占比情况，利润占比越高，对应的扇形越大。鼠标移入扇形，可以显示对应的占比值。

子任务2 某华为手机天猫专营店年度销量目标达成情况仪表盘绘制

某华为手机天猫专营店2022年定下的销售额目标是2000万元，实际营销达到2006.6931万元，定下的销售利润目标是200万元，实际利润为188.5456万元。

请用仪表盘展示销售额和利润的目标达成度，两个目标达成度制作到一个仪表盘中。

本任务完成步骤如下：

1. 编写代码

根据任务描述，销售额目标达成度为100.33%，利润目标达成度为94.27%，使用这两个目标达成度值绘制仪表盘。代码如下：

```
1.  option = {
2.    title: {
3.      text: '销售额和利润目标达成度',
4.      left: 'center'
5.    },
6.    tooltip: {
7.      formatter:'{a} <br/>{b} : {c}%'
8.    },
```

笔记：tooltip 提示信息显示了系列名称、数据项名称和数据值

87

笔记：series 中有
两个系列，分别对应两个
目标达成度的数据信息。
type 为 gauge，表示仪表盘
图；radius 为 80% 表示仪表
盘半径是原始大小的80%，
默认是 75%；title 为系列标
题设置参数，fontSize 可设置
字体大小，offsetCenter 可设
置文字位置，位置使用偏
离中心点的百分比来表示；
detail 为数值设置参数，
formatter 设置为 {value}%，
即数值显示格式，同样可
以设置文字大小和位置；
data 为数据项的值和名称。

注意：本任务中
有两个目标达成度，所以
用了两个系列来实现。在
最新 ECharts 版本中，可
以简化代码，只需一个系
列、两个数据项，将不同
设置写在 data 项中即可。

```
9.      series: [{
10.         name: '目标达成度',
11.         type: 'gauge',
12.         radius: '80%',
13.         min: 0,
14.         max: 120,
15.         title: {
16.             fontSize: 14,
17.             offsetCenter: ['-25%', '35%']
18.         },
19.         detail: {
20.             formatter: '{value}%',
21.             fontSize: 14,
22.             offsetCenter: ['-25%', '50%']
23.         },
24.         data: [{
25.             value: 100.33,
26.             name: '销售额'
27.         }]
28.
29.      },{
30.         name: '目标达成度',
31.         type: 'gauge',
32.         radius: '80%',
33.         min: 0,
34.         max: 120,
35.         title: {
36.             fontSize: 14,
37.             offsetCenter: ['25%', '35%']
38.         },
39.         detail: {
40.             formatter: '{value}%',
41.             fontSize: 14,
42.             offsetCenter: ['25%', '50%']
43.         },
44.         data: [{
45.             value: 94.27,
46.             name: '利润'
47.         }]
48.
49.      }]
50. };
```

2. 浏览网页，检验效果

最终结果如图2-3-7所示。

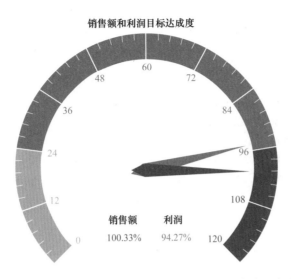

图2-3-7　2022年华为手机销售额和利润目标达成度仪表盘

子任务3　手机购买因素分析雷达图绘制

某手机专卖店对魅族、华为、小米3种品牌的手机购买因素进行了分析，主要对比价格、功能、外观、稳定性、安全性等几种因素，总结得到的结果见表2-3-2。

表2-3-2　手机购买因素分析

手机品牌	销量因素				
	价　格	功　能	外　观	稳定性	安全性
魅族	30%	20%	30%	10%	10%
华为	18%	32%	24%	12%	14%
小米	27%	28%	25%	9%	11%

绘制雷达图，描绘3种品牌手机购买行为受价格、功能、外观、稳定性、安全性等几种因素影响的程度。

本任务完成步骤如下：

1. 编写代码

根据任务描述，3种品牌手机各购买因素的影响不同，适合使用雷达图来对比。代码如下：

```
1.  option = {
2.      title: {
3.          text: '手机购买因素分析'
4.      },
5.      tooltip: {},
6.      legend: {
7.          data: ['魅族', '华为', '小米'],
8.          left: 'right'
9.      },
10.     radar: {
11.         name: {
12.             textStyle: {
13.                 color: '#fff',
14.                 backgroundColor: '#aaa',
15.                 borderRadius: 3,
```

笔记：legend 设置了 3 项元素的图例，与后面 series 中 data 的 name 值一致。

笔记：radar 参数设置了 5 个因素的字体外观、雷达图特征指标的名称和数值范围。

```
16.              padding: [3, 5]
17.          }
18.        },
19.        indicator: [
20.            {name: '价格',max: 32},
21.            {name: '功能',max: 32},
22.            {name: '外观',max: 32},
23.            {name: '稳定性',max: 32},
24.            {name: '安全性',max: 32}
25.        ]
26.      },
27.    series: [{
28.        name: '手机购买因素分析(%)',
29.        type: 'radar',
30.        data: [{
31.                value: [30,20,30,10,10],
32.                name: '魅族'
33.            },
34.            {
35.                value: [18,32,24,12,14],
36.                name: '华为'
37.            },
38.            {
39.                value: [27,28,25,9,11],
40.                name: '小米'
41.            }
42.        ]
43.    }]
44. };
```

笔记：series 指定了图表类型，存放了 3 种品牌手机的指标数据。

2. 浏览网页，检验效果

最终结果如图2-3-8所示。

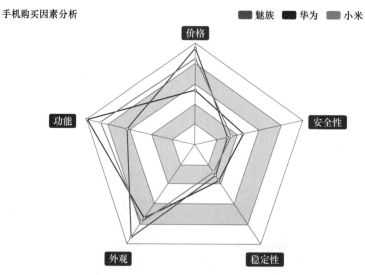

图2-3-8　手机购买因素分析雷达图

子任务4　手机产品搜索关键词热度的词云图绘制

某手机网络销售平台对最近一个月用户搜索手机产品的关键词进行统计，得到搜索关键词排行榜，频率最高的25个词语见表2-3-3。

表2-3-3　手机产品搜索关键词排行榜（部分）

序　号	关　键　词	搜　索　次　数
1	华为手机	479867
2	苹果手机	468763
3	小米手机	453468
4	荣耀	446555
5	苹果12	435451
6	vivo	424347
7	苹果11	416784
8	OPPO	402139
9	红米	391035
10	三星手机	378967
11	Realme	368827
12	魅族	357723
13	5G手机	346619
14	智能手机	335515
15	时尚手机	324411
16	拍照手机	313307
17	4G手机	302203
18	音乐手机	281099
19	酷派手机	259995
20	512G手机	238891
21	256G手机	217787
22	曲面屏手机	196683
23	商务手机	175579
24	女性手机	154475
25	老人手机	136752

请用表2-3-3关键词排行榜数据绘制词云图，词云的形状为星形。

本任务完成步骤如下：

1. 编写代码

要创建词云图，需要引入echarts.js和echarts-wordcloud.js，引入代码如下：

```
1.  <script src="js/echarts.js"></script>
2.  <script src="js/echarts-wordcloud.js"></script>
```

可以预先创建词云图加载的数据，然后在option中指定data的值。词云图代码如下：

笔记：首先定义变量 words 数组，用于存储关键词搜索频率数据。

笔记：option 中 series 定义了图表类型、网格尺寸大小、词语字体大小范围、字体旋转范围、词云形状、字体颜色以及阴影效果。

```
1.    var words = [
2.        {name: '华为手机',value: 479867 },
3.        {name: '苹果手机',value: 468763 },
4.        {name: '小米手机',value: 453468 },
5.        {name: '荣耀',value: 446555 },
6.        {name: '苹果12',value: 435451 },
7.        {name: 'vivo',value: 424347 },
8.        {name: '苹果11',value: 416784 },
9.        {name: 'oppo',value: 402139 },
10.       {name: '红米',value: 391035 },
11.       {name: '三星手机',value: 378967 },
12.       {name: 'Realme',value: 368827 },
13.       {name: '魅族',value: 357723 },[
14.       {name: '5G手机',value: 346619 },
15.       {name: '智能手机',value: 335515 },
16.       {name: '时尚手机',value: 324411 },
17.       {name: '拍照手机',value: 313307 },
18.       {name: '4G手机',value: 302203 },
19.       {name: '音乐手机',value: 281099 },
20.       {name: '酷派手机',value: 259995 },
21.       {name: '512G手机',value: 238891 },
22.       {name: '256G手机',value: 217787 },
23.       {name: '曲面屏手机',value: 196683 },
24.       {name: '商务手机',value: 175579 },
25.       {name: '女性手机',value: 154475 },
26.       {name: '老人手机',value: 136752 },
27.   ]
28.   var option = {
29.       title: {
30.           text: '手机产品搜索关键词排行'
31.       },
32.       backgroundColor: '#ffffff',
33.       series: [{
34.           type: 'wordCloud',
35.           gridSize: 2, //网格尺寸，尺寸越大，字体之间的间隔越大
36.           sizeRange: [10, 50], //字体的最大与最小字号
37.           rotationRange: [45, 90, 135, -90], //字体旋转的范围
38.           shape: 'star', //词云形状，star为星形
39.           textStyle: {
40.               normal: {
41.                   //字体随机颜色
42.                   color: function() {
43.                       return 'rgb(' + [
44.                           Math.round(Math.random() * 255),
45.                           Math.round(Math.random() * 255),
46.                           Math.round(Math.random() * 255)
47.                       ].join(',') + ')';
```

```
48.              }
49.          },
50.          emphasis: {
51.              shadowBlur: 1, //阴影距离
52.              shadowColor: '#111' //阴影颜色
53.          }
54.      },
55.      data: words
56.  }]
57. };
```

笔记：data 中指定
了前面定义的 words 参数，
用于加载数据。

2．浏览网页，检验效果

最终结果如图2-3-9所示。

手机产品搜索关键词排行

图2-3-9 手机产品搜索关键词排行词云图

任务4 使用动态柱状图描绘各品牌手机近期销量

任务描述

有时候为了更加直观地描述业务发展情况，需要根据不同的日期（年份、季度、月份、周、日等）动态显示数据及其变化过程，这时可制作动态数据图表，其中常见的是动态数据柱状图。

本任务需要分析近几年各品牌手机销量情况，并用水平条柱动态展示数据及其变化过程，从而对比分析销量增长或降低情况，了解各种品牌手机销量排名，以及随时间变化的发展趋势。

任务分析

ECharts可以加载动态数据来实现动态图表，数据的改变驱动图表展现的改变。动态数据的实现也比较简单，只需要获取数据，填入数据，ECharts就会找到两组数据之

间的差异，然后通过合适的动画去表现数据的变化。本任务将使用动态柱状图来展现各种品牌手机销量随时间变化的数据排名变化。

知识准备

1. 基础动态图表

ECharts要实现动画非常容易，只需要赋予option参数不同的数据，并使用setOption更新即可。通常情况下用户不需要设置如何使用动画的参数，只需要更新数据，ECharts就会找出跟上一次数据之间的区别，自动应用最合适的过渡动画。

要设置周期性更新数据，可以使用setInterval方法。setInterval是一个实现定时调用的方法，可按照指定的周期（以毫秒计）来调用函数或计算表达式。setInterval方法会不停地调用函数，直到clearInterval被调用或窗口被关闭。语法格式如下：

setInterval(code, millisec [,"lang"])

参数说明如下：

code：必需，要调用的函数或要执行的代码串。

millisec：必需，周期性执行或调用code之间的时间间隔，以毫秒计。

lang：可选，选择JScript、VBScript、JavaScript之一。

另外要在指定的时间后调用函数或计算表达式，可以使用setTimeout()。其语法格式如下：

setTimeout(code, millisec)

参数说明如下：

code：必需，要调用的函数或要执行的代码串。

millisec：必需，执行代码前等待的毫秒数。

简单的基础动态图表主要代码如下：

```
1.  <script type="text/javascript">
2.  // 基于准备好的DOM，初始化ECharts实例
3.      var myChart=echarts.init(document.getElementById('main'));
4.      // 指定图表的配置项和数据
5.      var option = {
6.          xAxis:{
7.              name: '商品',
8.              type: 'category',
9.              data: ['商品A','商品B','商品C','商品D','商品E']
10.         },
11.         yAxis:{
12.             name: '销量',
13.             type: 'value'
14.         },
15.         series: [
16.             {
17.                 type: 'bar',
18.                 data: makeRandomData()
19.             }
```

笔记：option 中设置了基础柱状图的参数。

笔记：data 中的数据来自 makeRandomData() 函数，该函数返回一个包

```
20.          ]
21.      };
22.      function makeRandomData() {
23.          var data=[];
24.          for(var i=0;i<5;i++){
25.              data.push(Math.random()*100)
26.          };
27.          return data;
28.      };
29.      setInterval(() => {
30.          myChart.setOption({
31.          series: {
32.              data: makeRandomData()
33.          }
34.          });
35.      }, 2000);
36.      // 使用刚指定的配置项和数据显示图表。
37.      myChart.setOption(option);
38.  </script>
```

含5个0～100之间随机数的数组,然后通过 myChart. setOption(option) 创建柱状图。

笔记:为了实现动画,定义了 setInterval 函数,该函数每隔 2000ms 执行 makeRandomData() 自定义函数,并将新生成的数据附加到 series 的 data 中,这样就能生成动态柱状图了。

代码运行结果如图2-4-1所示。

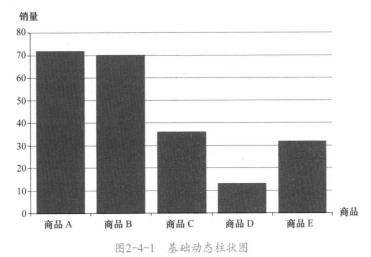

图2-4-1　基础动态柱状图

从运行的网页可以看出,柱状图的5根柱子长度不断发生变化,形成动态柱状图。

2. 动态排序柱状图

动态排序柱状图是一种展示数据随时间变化而变化的图表,ECharts从版本5开始提供内置支持。动态排序柱状图通常是横向的柱条,也可以使用纵向的柱条,调换x轴和y轴的设置即可。

动态排序柱状图通常会使用一些与动态数据相关的参数,常见参数如下:

realtimeSort:通常设为true,表示开启该系列的动态排序效果。

yAxis.inverse:通常设为true,表示y轴从下往上是从小到大的排列。

yAxis.animationDuration:建议设为300,表示第一次柱条排序动画的时长,单位为毫秒。

yAxis.animationDurationUpdate：建议设为300，表示第一次之后柱条排序动画的时长，单位为毫秒。

yAxis.max：如果想只显示前n名，将yAxis.max设为$n-1$，否则显示所有柱条。

xAxis.max：建议设为dataMax，表示用数据的最大值作为x轴最大值，视觉效果更好。

series.label.valueAnimation：如果想要实时改变标签，需要将此参数设为true。

animationDuration：动画持续时间，如果设为0，表示第一份数据不需要从0开始动画（如果希望从0开始则设为和animationDuration Update相同的值）。

animationDurationUpdate：建议设为3000，单位为毫秒，表示每次更新动画的时长，这一数值应与调用setOption改变数据的频率值相同，即以animationDuration Update的频率调用setInterval更新数据值。

下面先创建一个简单的动态排序柱状图，代码如下：

```
1.  <!DOCTYPE html>
2.  <html>
3.    <head>
4.      <meta charset="utf-8" />
5.      <title>ECharts</title>
6.      <!-- 引入 ECharts5文件 -->
7.      <script src="js/ECharts5.js"></script>
8.    </head>
9.    <body>
10.     <!-- 为ECharts准备一个DIV区块(DOM) -->
11.     <div id="main" style="width: 600px;height:400px;"></div>
12.     <script type="text/javascript">
13.     // 基于准备好的DOM，初始化ECharts实例
14.         const myChart=echarts.init(document.getElementById('main'));
15.         // 指定图表的配置项和数据
16.         const datas = [
17.         // 国家名、年份、GDP(亿美元)
18.           ['A国', 1980, 2738.54],
19.           ['B国', 1980, 1911.49],
20.           ['C国', 1980, 7012.88],
21.           ['D国', 1980, 5649.48],
22.           ['E国', 1980, 11053.86],
23.           ['F国', 1980, 28573.07],
24.         ];
25.         var option = {
26.           title: {
27.             text: '各国GDP对比（单位：亿美元)',
28.             textStyle: {
29.               color: 'orange',
30.               fontSize: 25,
31.               fontFamily: '微软雅黑'
```

注意：由于从ECharts 5开始内置支持动态排序柱状图，上面示例加载的是ECharts5.js文件。

笔记：单独定义了datas数组，存放了各个国家GDP数据。

笔记：option中title通过textStyle设置了文本样式。

笔记：grid设置了顶端和右端间距，用于布局和显示柱条标签值。

```
32.              },
33.              left: 'center'
34.            },
35.            grid: {
36.                top: 40,
37.                right: 100
38.            },
39.            xAxis: {
40.                max: 'dataMax'
41.            },
42.            yAxis: {
43.                type: 'category',
44.                inverse: true, // 反向坐标轴
45.                animationDuration: 300,
46.                animationDurationUpdate: 300,
47.                max: 2 //只有值最大的3个数据会被显示
48.            },
49.            series: [
50.                {
51.                    realtimeSort: true, // 对数据排序
52.                    name: 'GDP',
53.                    type: 'bar',
54.                    //这里指定国家和GDP数据
55.                    data: datas,
56.                    encode: {
57.                        x:2,
58.                        y:0
59.                    },
60.                    label: {
61.                        show: true,
62.                        position: 'right',
63.                        valueAnimation: true //柱子右侧的数字动态变化
64.                    }
65.                }
66.            ],
67.            animationDuration: 1000,
68.            animationDurationUpdate: 1000,
69.            animationEasing: 'linear',
70.            animationEasingUpdate: 'linear'
71.        };
72.        // 使用刚指定的配置项和数据显示图表
73.        myChart.setOption(option);
74.    </script>
75.    </body>
76. </html>
```

上述代码运行结果如图2-4-2所示。

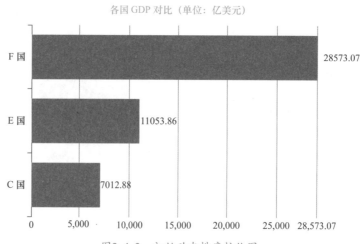

图2-4-2　初始动态排序柱状图

从运行网页可以看出，1980年GDP值最大的3个国家是F国、E国、C国，它们对应的柱子，分别从0开始以线性方式增长到对应数值，形成动画，且3个国家柱条从上往下依次排列。增长到对应数值后，柱子动画停止。

为了动态显示不同年份的GDP最高的3个国家的数据，可以借助for循环和setTimeout()函数实现。首先将datas替换成多个年份的GDP数据，如下：

```
1.  const datas = [
2.  // 国家名、年份、GDP(亿美元)
3.  ['A国', 1980, 2738.54], ['B国', 1980, 1911.49], ['C国', 1980, 7012.88],
4.  ['D国', 1980, 5649.48], ['E国', 1980, 11053.86], ['F国', 1980, 28573.07],
5.  ['A国', 1990, 5939.30], ['B国', 1990, 3608.58], ['C国', 1990, 12691.80],
6.  ['D国', 1990, 10931.69], ['E国', 1990, 31328.18], ['F国', 1990, 59631.44],
7.  ['A国', 2000, 7447.73], ['B国', 2000, 12113.47], ['C国', 2000, 13656.40],
8.  ['D国', 2000, 16661.26], ['E国', 2000, 49683.59], ['F国', 2000, 102509.48],
9.  ['A国', 2010, 16173.43], ['B国', 2010, 60871.64], ['C国', 2010, 26451.88],
10. ['D国', 2010, 24913.97], ['E国', 2010, 57590.71], ['F国', 2010, 150489.64],
11. ['A国', 2020, 16454.23], ['B国', 2020, 146876.73],['C国', 2020, 26390.09],
12. ['D国', 2020, 27046.09], ['E国', 2020, 50401.08], ['F国', 2020, 210604.74],
13. ];
```

datas数据中，放置了6个国家5年的GDP数据，为了让图表首先显示第一个年份的6行数据，可以修改series中data的值为datas.slice(0,6)，表示取datas数组中前6个元素。后面则可以使用for循环，使用datas.slice(i*6,(i+1)*6)依次取不同年份的6个元素，这里i从1开始，表示接着从第二个年份继续取数据。每循环一次，取到6行数据，将数据重新赋值给option.series[0].data，再使用myChart.setOption(option)重新关联option参数，同时将这两条语句放入setTimeout()函数中，让其等待一段时间后再执行，达到动态数据稳步过渡效果。

为了在图表网格中显示年份信息，可以在option中增加graphic参数，指定文本数据，并在for循环中动态更新年份数据。

option参数及for循环等代码如下：

```
1.  let option = {
2.    title: {
```

```
3.      text: '各国GDP对比（单位：亿美元)',
4.      textStyle: {
5.        color: 'orange',
6.        fontSize: 25,
7.        fontFamily: '微软雅黑'
8.      },
9.      left: 'center'
10.   },
11.   grid: {
12.       top: 40,
13.       right: 100
14.   },
15.   xAxis: {
16.     max: 'dataMax'
17.   },
18.   yAxis: {
19.     type: 'category',
20.     inverse: true, // 反向坐标轴
21.     animationDuration: 300,
22.     animationDurationUpdate: 300,
23.     max: 2 //只有值最大的3个数据会被显示
24.   },
25.   graphic: {
26.       elements: [
27.           {
28.             type: 'text',
29.             right: 120,
30.             bottom: 80,
31.             style: {
32.               text: 1980,
33.               font: 'bolder 60px monospace',
34.               fill: 'rgba(100, 100, 100, 0.25)'
35.             },
36.             z: 100
37.           }
38.       ]
39.   },
40.   series: [
41.       {
42.       realtimeSort: true, // 对数据排序
43.       name: 'GDP',
44.       type: 'bar',
45.       //这里指定国家和GDP数据
46.       data: datas.slice(0,6),
47.       encode: {
48.         x:2,
49.       },
```

笔记：定义标签文本，后面循环中动态改变标签文本的值。

```
50.    label: {
51.       show: true,
52.       position: 'right',
53.       valueAnimation: true //柱子右侧的数字动态变化
54.    }
55.    }
56.  ],
57.  animationDuration: 1000,
58.  animationDurationUpdate: 1000,
59.  animationEasing: 'linear',
60.  animationEasingUpdate: 'linear'
61. };
62. //通过for循环动态加载各个年份数据
63.   for (let i = 1; i < datas.length/6; i++) {
64.     let newdatas=datas.slice(i*6,(i+1)*6)
65.     setTimeout(function(){
66.        option.series[0].data=newdatas;
67.        option.graphic.elements[0].style.text =newdatas[0][1];
68.        myChart.setOption(option);
69.     }, i*3000)
70.   };
71.   // 使用刚指定的配置项和数据显示图表
72. myChart.setOption(option);
```

运行结果如图2-4-3所示。

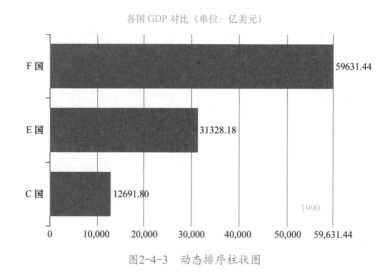

图2-4-3　动态排序柱状图

从图2-4-3可见动态排序柱状图的效果，其逐年显示了1980年、1990年、2000年、2010年、2020年中GDP最高的3个国家的数据，以及柱条过渡和切换动画。

任务实施

某手机专营店对2021年各种品牌手机各个月份销量进行了统计，结果见表2-4-1。

表2-4-1　2021年各种品牌手机各个月份销量

手机品牌	月　份											
	1月	2月	3月	4月	5月	6月	7月	8月	9月	10月	11月	12月
华为	35	18	78	94	56	45	39	43	78	86	53	58
vivo	28	31	52	57	62	56	50	44	85	67	64	55
OPPO	25	22	23	35	43	47	40	33	44	48	35	33
小米	30	47	57	79	68	51	56	55	98	90	65	70
荣耀	28	25	26	38	46	50	43	36	47	51	38	36
三星	19	22	43	32	53	41	43	35	51	39	41	40

　　利用表2-4-1数据绘制动态排序柱状图，首先显示2021年各种品牌手机1月份销量排序柱状图，然后逐步显示后续月份销量情况，每个月份数据在显示时有停留，动画过渡流畅。

　　本任务完成步骤如下：

1. 编写代码

　　首先将本任务的数据提取出来，写成数组形式，代码如下：

```
1.  const datas = [
2.  // 手机品牌、月份销量
3.    ['手机品牌','1月','2月','3月','4月','5月','6月','7月','8月','9月','10月','11月','12月'],
4.    ['华为',35,18,78,94,56,45,39,43,78,86,53,58],
5.    ['vivo',28,31,52,57,62,56,50,44,85,67,64,55],
6.    ['OPPO',25,22,23,35,43,47,40,33,44,48,35,33],
7.    ['小米',30,47,57,79,68,51,56,55,98,90,65,70],
8.    ['荣耀',28,25,26,38,46,50,43,36,47,51,38,36],
9.    ['三星',19,22,43,32,53,41,43,35,51,39,41,40],
10. ];
```

　　使用二维数组存储数据，从数组下标1处开始截取数据，图表首先展示1月份的数据，第一列手机品牌名称作为y轴数据，第二列1月份的销量作为x轴数据。要实现逐月显示销售数据，只需要改变x轴的数据，使其分别对应数组后续列。因此，在for循环中，不断遍历，从第三列到最后一列，并将列的编号更新到series[0].encode.x参数中，实现逐月显示各品牌手机销量数据的动态图表。

　　代码如下：

```
1.  let option = {
2.    title: {
3.    text: '2021年各种品牌手机各个月份销量排行',
4.    textStyle: {
5.      color: 'blue',
6.      fontSize: 20,
7.      fontFamily: '微软雅黑'
8.    },
9.    left: 'center'
10.   },
11.   grid: {
12.     top: 40,
13.     right: 50
```

笔记：grid 定义了网格的位置。

笔记：xAxis 设置 max 为 dataMax，表示 x 轴的刻度使用当前数据中最大值作为最高刻度。

笔记：yAxis 使用 animationDuration、animationDurationUpdate 实现上下移动动画。

笔记：定义标签文本，后面循环中动态改变标签文本的值。

笔记：

data: datas.slice(1) 去掉了二维数组第一行标题数据，截取了从下标 1 到最后一行的数据。

encode: {x:1,y:0} 指定了 x 轴数据从二维数组第二列获取（下标为 1），y 轴数据从二维数组第一列获取（下标为 0）。

笔记：option 中使用 animationDuration、animationDurationUpdate、animationEasing、animationEasingUpdate 实现各个月份数据切换动画。

```
14.    },
15.  xAxis: {
16.     max: 'dataMax'
17.  },
18.  yAxis: {
19.     type: 'category',
20.     inverse: true, // 反向坐标轴
21.     animationDuration: 300,
22.     animationDurationUpdate: 300
23.  },
24.  graphic: {
25.     elements: [
26.        {
27.           type: 'text',
28.           right: 60,
29.           bottom: 60,
30.           style: {
31.              text: '1月',
32.              font: 'bolder 45px monospace',
33.              fill: 'rgba(100, 100, 100, 0.25)'
34.           },
35.           z: 100
36.        }
37.     ]
38.  },
39.  series: [
40.     {
41.        realtimeSort: true, // 对数据排序
42.        name: '销量',
43.        type: 'bar',
44.        data: datas.slice(1),
45.        encode: {
46.           x:1,
47.           y:0
48.        },
49.        label: {
50.           show: true,
51.           position: 'right',
52.           valueAnimation: true //柱子右侧的数字动态变化
53.        }
54.     }
55.  ],
56.  animationDuration: 1000,
57.  animationDurationUpdate: 1000,
58.  animationEasing: 'linear',
59.  animationEasingUpdate: 'linear'
60. };
```

```
61.  //通过for循环动态加载各月数据
62.   for (let i = 2; i < 13; i++) {
63.    setTimeout(function(){
64.        option.series[0].encode.x=i;
65.        option.graphic.elements[0].style.text =datas[0][i];
66.        myChart.setOption(option);
67.    }, i*3000)
68.   };
69.   // 使用刚指定的配置项和数据显示图表
70.  myChart.setOption(option);
```

笔记：for 循环中，使用 setTimeout 定时更新 series 中 encode.x 的值，实现 x 轴的取值分别取到 2 月到 12 月对应列的数值，同时实现右下角标签文本月份数据的更新。

2. 浏览网页，检验效果

代码运行结果如图2-4-4所示。

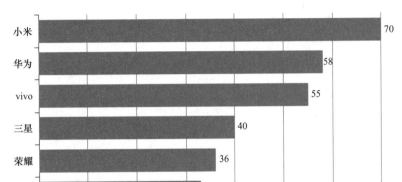

图2-4-4　2021年各种品牌手机各个月份销量排行动态排序柱状图

从运行网页可见，各种手机品牌销量从上到下，按高低排序，并从1月逐月显示到12月，实现了动态排序柱状图效果。

拓展任务

创建动态饼图

某数码专营店准备整理2020年—2022年业务经营情况，对所经营的耳麦、音响、键鼠（键盘和鼠标的简称）、U盘、转接线等产品的盈利数据进行了统计，得到各类产品盈利占比情况，见表2-5-1。

表2-5-1　2020年—2022年各类产品盈利占比情况

产　　品	2020年	2021年	2022年
耳麦	31.3%	21.8%	37.5%
音响	13.6%	15.4%	11.9%
键鼠	34.7%	31.8%	23.5%
U盘	13.3%	17.1%	14.6%
转接线	7.1%	13.9%	12.5%

利用表2-5-1数据绘制动态饼图，分别显示2020年、2021年和2022年各类产品盈利占比情况，每年的饼图数据暂停3s。

上表数据转成JSON数据如下：

```
datas=[
    {'2020' : [
        { value: 31.3, name: '耳麦'},
        { value: 13.6, name: '音响'},
        { value: 34.7, name: '键鼠'},
        { value: 13.3, name: 'U盘'},
        { value: 7.1, name: '转接线'}
    ]},
    {'2021' : [
        { value: 21.8, name: '耳麦'},
        { value: 15.4, name: '音响'},
        { value: 31.8, name: '键鼠'},
        { value: 17.1, name: 'U盘'},
        { value: 13.9, name: '转接线'}
    ]},
    {'2022' : [
        { value: 37.5, name: '耳麦'},
        { value: 11.9, name: '音响'},
        { value: 23.5, name: '键鼠'},
        { value: 14.6, name: 'U盘'},
        { value: 12.5, name: '转接线'}
    ]},
]
```

请利用上述数据完成动态饼图的操作。

项目分析报告

　　本项目主要针对无线耳机、计算机、手机等数码电子产品的销量，绘制基本图表以进行分析。首先针对无线蓝牙耳机的进货量和销量，通过聚合柱状图做对比分析，可见上半年销量旺季集中到3月、4月和5月，销量高于进货量的月份是2月和5月。通过绘制4个子图分析2017年—2020年各品牌手机销量情况，销量较好的是漫步者、小米、华为等品牌，且小米、华为增长趋势强劲。接下来针对联想、宏碁、华硕3种品牌计算机销量，绘制折线图，发现联想计算机销量相对高一些，一年的销量高峰集中在4月和5月、9月和10月。对联想笔记本计算机过去7年不同价位销量绘制堆叠柱状图，通过分析发现4000～4999元、3000～3999元价位区间的销量最高。对联想各系列笔记本计算机销量绘制气泡图，对比发现，小新Pro14、拯救者Y9000、小新Air15、YOGA14S销量较高，利润占比较大。对华为各系列手机销售利润绘制饼图，分析发现Mate50系列、P50系列为畅销款式，其次为Mate40系列、Nova10系列、Nova9系列、P40系列。通过对华为专卖店年度销售额和利润目标达成度绘制仪表盘发现，该专卖店销售额超过了既定目标，但利润只达到目标的94.27%，说明该店做了一定让利促销的活动。针对手机购买各方面因素绘制雷达图，分析发现魅族手机购买因素集中在价格和外观优势方面，华为手机则以功能优势为主，兼顾安全性和稳定性特征，而小米手机的购买因素各方面相对均衡。通过用户搜索关键词词云图分析，发现搜索热度最高的十个手机关键词分别为华为手机、苹果手机、小米手机、荣耀、苹果12、vivo、苹果11、OPPO、红米、三星手机，这些手机也是热销产品。最后绘制某手机专营店2021年各品牌手机销量动态排序柱状图，从动态图可以直观地查看每月各品牌手机的销量及其排名变化情况，其中华为手机销量在1月、3月、4月排在第一，小米手机销量在2月、5月、7月至12月排在第一，vivo手机销量于6月排在第一。

　　虽然本项目只对部分专卖店部分年份的营销数据进行了统计，具有一定的局限性，但也能分析出相关营销规律。例如旺季和淡季具体月份，无线耳机、计算机、手机的热销品牌，受欢迎笔记本计算机的价位区间，受青睐的手机型号，不同品牌手机的特征、优势等。分析结果可以为销售商和生产商提供重要参考：帮助销售商改进淡季促销手段，增加热销产品和型号库存，为长尾产品制定合适的营销手段；帮助生产商改进产品质量，设计出满足客户需求的功能和外观。

项目小结 ↘

　　本项目针对数码产品销售数据，利用ECharts绘制各种图表，包括折线图、柱状图、散点图、气泡图、饼图、仪表盘、雷达图、词云图、动态排序柱状图等，在绘制各种类型图表时，灵活使用标题、提示框、工具栏、图例、时间轴、数据区域缩放、网格、坐标轴、数据系列等组件。

　　本项目首先介绍了ECharts，包括ECharts的开发流程、ECharts常用组件的设置，再介绍各类图表的使用。由于ECharts参数较多，正确书写有一定难度，要注意ECharts格式中有许多成对的小括号、大括号、中括号，ECharts参数之间用逗号，最后一个参数可以省略逗号，JavaScript语句结束用分号。如果逻辑不清晰，很容易弄错，因此，读者需要理解其逻辑并熟练掌握各个组件的使用方法。动态图表的绘制也是难点，包括动态排序柱状图、动态饼图的绘制等，它们不仅要编写ECharts代码，还要编写实现动画的JavaScript语句，特别常用for循环语句、setInterval()函数、setTimeout()函数，通过结合这些语句来实现动态效果。

　　本项目所介绍的应用广泛的数据可视化技术，拓宽了可视化Web应用的途径，为可视化前端开发打下了基础。

巩固强化 ↗

　　1. ECharts开发流程包括哪些步骤？

　　2. ECharts常用组件有哪些？分别介绍其作用。

　　3. 绘制表格，对比折线图、柱状图、散点图、气泡图、饼图、仪表盘、雷达图、词云图的应用场合。

　　4. 绘制表格，对比折线图、柱状图、散点图、气泡图、饼图、仪表盘、雷达图、词云图数据源的存储格式。

　　5. 什么是动态图？有哪些常见动态图？

　　6. 什么是动态排序柱状图？需要设置哪些参数来实现动态效果？

项目 3 电器产品销售数据 ECharts 进阶可视化

项目概述

电器产品指家庭和工作场所使用的各种电子设备和电子器具,与人们的生活、工作息息相关。电器产品为人们创造了舒适优美、有利于身心健康的生活和工作环境,提供了丰富多彩的文化娱乐条件,成为现代生活必不可少的产品。

家用电器产品按功能、用途分类,主要包括制冷电器、空调器、清洁电器、厨房电器、电暖器具、音像电器等。随着电子商务的普及,通过网络渠道销售电器产品越来越普遍,销售数据的统计也越来越方便。

对电器产品销售数据的统计和可视化分析,有助于相关人员了解各种电器产品的潜在用户群体,分析哪个时段重点销售哪种产品更高效,广告和营销的针对性如何,从而改进营销手段和经营策略,提升产品销售量,提高店铺竞争力。

本项目将使用ECharts技术完成电器产品销售数据的分析与可视化,进一步介绍ECharts操作,具体包括如下任务:异步数据加载和数据集管理、交互组件和响应式操作、Dashboard数字大屏可视化制作、联动图制作等。通过完成这些任务,读者可以了解异步数据加载、交互组件、响应式布局、联动图等基本概念,掌握加载外部文件并显示图表的方法,掌握以数据集方式设置ECharts数据的方法,掌握常用交互组件的使用方法,能够使用自适应布局技术,能够制作Dashboard大屏,能够制作联动图,更加深入和熟练掌握ECharts开发。

学习目标

- 培养严谨细致的态度、养成规范编程的习惯。
- 培养信息检索和问题解决的能力。
- 了解ECharts交互组件。
- 掌握常用交互组件的使用。
- 能够制作Dashboard大屏。

- 增强数据安全意识和遵守法律意识。
- 了解ECharts异步数据加载、响应式布局的含义。
- 掌握加载外部文件并创建ECharts图表的方法。
- 能够使用自适应布局技术。
- 能够制作联动图。

思维导图

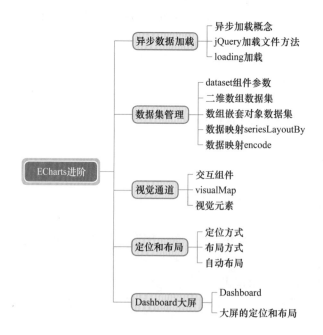

任务1 电器产品营销数据异步加载和数据集管理

任务描述

家电产品营销手段有很多，而且交易数据比较大，商家往往会收集各种营销渠道的产品销售数据，将数据存储为文件，并对文件进行处理，通过可视化手段进行分析和图表展示，从而帮助销售人员改进销售手段和策略，提高销售量。

ECharts数据通常设置在option中，如果数据存储在外部文件中，就涉及异步加载数据。ECharts一般会配合jQuery等工具，异步获取数据，再填入其配置项。对于一些直角坐标轴图，数据加载后，不会被分散提取到不同参数中，如xAxis.data、series.data中，ECharts会保留原数据形式，使用数据集管理方式来设置这些数据。那么该如何使用异步加载方式导入文件数据，并使用数据集方式将数据设置到ECharts参数中呢?

任务分析

前面ECharts图表的数据都是直接写在参数中的，但在实际数据分析中，数据大部分是存储在文件或数据库中的，使用jQuery的get方法可以实现异步加载数据，将数据写入ECharts中。为统一管理数据，ECharts可以使用dataset指定source方式来设置ECharts数据，更加便捷、高效地绘制图表。

知识准备

1. 异步数据加载

异步数据加载就是在加载数据时仍然执行其他程序，不会导致其他程序等待加载数据完后才执行。一般对不够重要的、数据量较大的图表使用异步加载方式，这样才不会因为应用程序界面空白、卡顿而影响用户正常使用。

默认情况下JavaScript是同步加载的，也就是JavaScript的加载是阻塞的，后面的元素要等待JavaScript加载完毕后才能再加载，如果将一些意义不是很大的JavaScript放在页头，就会导致加载很慢，严重影响用户体验。

jQuery的$.get()方法就是一种异步加载文件的方法。ECharts可以使用$.get()方法加载外部文件，获取数据后再通过setOption填入数据和配置项。

下面举例说明如何使用异步数据加载方式绘制饼图。

首先创建一份JSON数据，名称为advertisement.json，反映的是某种电器产品在不同广告途径的购买数量，代码如下所示:

```
{
    "adv" : [
    {"value":451, "name":"视频广告"},
    {"value":237, "name":"联盟广告"},
    {"value":159, "name":"邮件营销"},
    {"value":367, "name":"直接访问"},
    {"value":578, "name":"搜索引擎"}
    ]
}
```

接下来使用异步方式加载该数据，并绘制饼图。

加载数据要用到$.get()方法。$就是指jQuery对象，jQuery是一个JavaScript库，可以

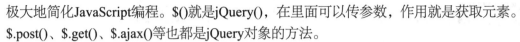

极大地简化JavaScript编程。$()就是jQuery()，在里面可以传参数，作用就是获取元素。$.post()、$.get()、$.ajax()等也都是jQuery对象的方法。

$.get()方法使用HTTP GET请求方式从服务器加载数据。异步加载JSON数据并绘制饼图的代码如下：

```
1.  <!DOCTYPE html>
2.  <html>
3.  <head>
4.      <meta charset="utf-8">
5.      <title>第一个 ECharts 实例</title>
6.      <!-- 引入 jQuery -->
7.      <script src="js/jquery.min.js"></script>
8.      <!-- 引入 echarts.js -->
9.      <script src="js/echarts.js"></script>
10. </head>
11. <body>
12.     <!-- 为ECharts准备一个DOM -->
13.     <div id="main" style="width: 600px;height:400px;"></div>
14.     <script type="text/javascript">
15.         // 基于准备好的DOM，初始化ECharts实例
16.         var myChart=echarts.init(document.getElementById('main'));
17.         $.get('js/advertisement.json', function (data) {
18.             myChart.setOption({
19.                 title: {
20.                     text: '异步数据加载绘制饼图',
21.                     left: 'center'
22.                 },
23.                 legend: {
24.                     bottom:'8%'
25.                 },
26.                 series : [
27.                     {
28.                         name: '销售途径',
29.                         type: 'pie',      // 设置图表类型为饼图
30.                         radius: '55%', // 饼图的半径，外半径为可视区长度的55%
31.                         data:data.adv
32.                     }
33.                 ]
34.             })
35.         })
36.     </script>
37. </body>
```

上述代码引入了jQuery，这是因为需要用到jQuery的get()方法加载文件。$.get('js/advertisement.json', function (data) {})表示通过get()方法加载当前目录下js文件夹中的advertisement.json文件，加载成功后执行function (data) {}函数，其中加载成功的数据放入data参数中，传递到函数中去。

在function (data) {}函数中，ECharts实例对象myChart通过setOption()设置参数，在series的data中指定加载进来的数据data.adv：data.adv中的data表示function传递进来的参数，对应加载到的文件数据；adv是JSON数据中的键，这里表示取键对应的值，即下面的数组嵌套对象类型的数据。

```
[
    {"value":451, "name":"视频广告"},
    {"value":237, "name":"联盟广告"},
    {"value":159, "name":"邮件营销"},
    {"value":367, "name":"直接访问"},
    {"value":578, "name":"搜索引擎"}
]
```

该数据用来指定饼图各项的参数。运行代码，显示结果如图3-1-1所示。

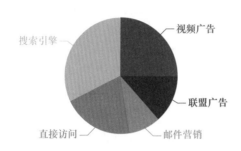

图3-1-1 异步数据加载绘制饼图

如果异步加载需要一段时间，则可以添加loading效果，ECharts默认提供一个简单的加载动画，只需要调用showLoading方法显示即可。数据加载完成后再调用hideLoading方法隐藏加载动画。下面通过示例来说明，其代码如下：

```
1.  <script type="text/javascript">
2.      // 基于准备好的DOM，初始化ECharts实例
3.      var myChart = echarts.init(document.getElementById('main'));
4.      myChart.showLoading(); // 开启 loading 效果
5.      $.get('js/advertisement.json', function (data) {
6.          alert("可以看到 loading 字样。"); // 测试代码，用于查看 loading 效果
7.          myChart.hideLoading(); // 隐藏 loading 效果
8.          myChart.setOption({
9.              title: {
10.                 text: '异步数据加载绘制loading效果的饼图',
11.                 left: 'center'
12.             },
13.             legend: {
14.                 bottom:'8%'
15.             },
16.             series : [
17.                 {
18.                     name: '访问来源',
19.                     type: 'pie',      // 设置图表类型为饼图
20.                     radius: '60%',    // 饼图的半径，外半径为可视区长度的60%
21.                     data:data.adv
22.                 }
23.             ]
24.         })
25.     })
26. </script>
```

　　上述代码中，myChart.showLoading()用于开启loading效果，myChart.hideLoading()用于隐藏loading效果。在文件不大、网速较快的情况下，文件加载没有延迟，loading效果则几乎看不到。这里使用alert()方法弹框让loading效果暂停，方便观察。运行结果如图3-1-2所示。

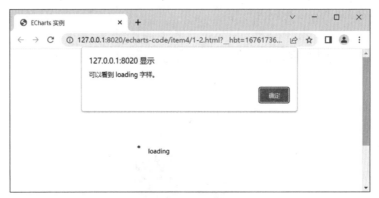

图3-1-2　带有loading效果的饼图

　　在弹框中单击"确定"按钮后，显示出饼图，如图3-1-3所示。

异步数据加载绘制 loading 效果的饼图

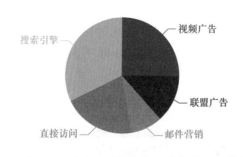

■视频广告　■联盟广告　■邮件营销　■直接访问　■搜索引擎

图3-1-3　loading效果显示后的饼图

　　如果注释掉myChart.hideLoading()语句，则一直显示loading效果。

2. 数据集管理

　　为了方便统一管理ECharts中的数据，可以使用dataset组件。dataset组件用于单独的数据集声明，从而可以单独管理数据，被多个组件复用，并且可以根据数据指定视觉映射。

　　（1）使用二维数组数据集绘图

　　二维数组是一种常见的数据存储格式，使用嵌套的[ ]来存储数据，下面举例说明，主要代码如下：

```
1.  var option = {
2.      title: {text:'家用电器销量'},
3.      legend: {},
4.      tooltip: {},
5.      dataset: {
6.          // 提供一份数据。
7.          source: [
8.              ['产品', '销量(万元)'],
9.              ['洗衣机', 47.3],
```

```
10.          ['液晶电视机', 82.5],
11.          ['冰箱', 56.8],
12.          ['消毒柜', 58.4],
13.          ['微波炉',63.8]
14.       ]
15.     },
16.     //声明一个X类目轴(category)。默认情况下，类目轴对应dataset第1列
17.     xAxis: {type: 'category'},
18.     // 声明一个Y轴，数值轴。
19.     yAxis: {},
20.     // 声明一个 bar 系列，默认情况下，该系列会自动对应到 dataset的第2列
21.     series: [
22.          {type: 'bar'}
23.     ]
24. };
```

上述代码使用了dataset组件设置数据，source中放置了二维数组，第1列是产品数据，第2列是销量数据，xAxis参数自动会将二维数组第1列作为类目轴数据，series参数自动会将二维数组的第2列作为系列的数据。运行结果如图3-1-4所示。

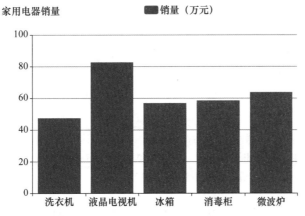

图3-1-4 使用二维数组数据集绘图

当然，二维数组可以有多列数据，用来绘制多个系列的图形。将上述代码中source指定的二维数组修改如下：

```
1. source: [
2.     ['产品', '2015', '2016', '2017'],
3.     ['洗衣机', 47.3, 57.1, 62.8],
4.     ['液晶电视机', 82.5, 87.7, 92.5],
5.     ['冰箱', 56.8, 61.8, 71.4],
6.     ['消毒柜', 58.4, 50.2, 61.7],
7.     ['微波炉', 63.8, 58.8, 67.9]
8. ]
```

再将series修改成多个系列：

```
1. series: [
2.     {type: 'bar'},
3.     {type: 'bar'},
4.     {type: 'bar'}
5. ]
```

这样series中每个系列的柱状图分别对应二维数组2015、2016、2017 3列数据，形成聚合柱状图，运行结果如图3-1-5所示。

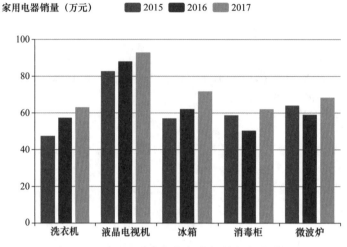

图3-1-5　使用二维数组数据集绘制多系列图形

（2）使用数组嵌套对象的数据集绘图

数组嵌套Object对象也是一种常见的数据存储格式，使用[{},…，{}]形式来存储数据，下面举例说明，option代码如下：

```
1.   var option = {
2.       title:{text:'家用电器销量(万)'},
3.       legend: {},
4.       tooltip: {},
5.       dataset: {
6.           //这里指定了维度名的顺序，从而可以利用默认的维度到坐标轴的映射
7.           //如果不指定 dimensions，也可以通过指定 series.encode 完成映射，参见后文
8.           dimensions: ['产品', '2015', '2016', '2017'],
9.           source: [
10.               {'产品': '洗衣机', '2015': 47.3, '2016': 57.1, '2017': 62.8},
11.               {'产品': '液晶电视机', '2015': 82.5, '2016': 87.7, '2017': 92.5},
12.               {'产品': '冰箱', '2015': 56.8, '2016': 61.8, '2017': 71.4},
13.               {'产品': '消毒柜', '2015': 58.4, '2016': 50.2, '2017': 61.7},
14.               {'产品': '微波炉', '2015': 63.8, '2016': 58.8, '2017': 67.9}
15.           ]
16.       },
17.       xAxis: {type: 'category'},
18.       yAxis: {},
19.       series: [
20.           {type: 'bar'},
21.           {type: 'bar'},
22.           {type: 'bar'}
23.       ]
24. };
```

上述代码中，数据集为数组嵌套Object对象格式，Object对象为键值对形式，dataset中，使用dimensions指定了维度名的顺序，"产品"对应x轴类目名称，2015、2016、2017分别对应每个类目下的系列名称，series中设置了3个系列的条状图，分别对

应2015、2016、2017三年的数据。代码运行结果如图3-1-6所示。

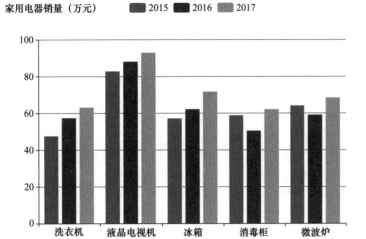

图3-1-6　使用数组嵌套对象格式数据集绘制多系列图形

从图3-1-6可见，使用数组嵌套对象格式数据集绘制的图形效果与二维数组数据集绘制的效果一样。

（3）使用seriesLayoutBy映射数据

可以使用seriesLayoutBy属性来配置dataset是按列（column）还是行（row）映射为图形series，默认是按照列来映射。下面通过示例来配置seriesLayoutBy，option代码如下：

```
1.   var option = {
2.       title: {
3.           text:'电器产品销量(万元)',
4.           left:'center'
5.       },
6.       legend: {top:'6%'},
7.       tooltip: {},
8.       dataset: {
9.           source: [
10.              ['产品', '2015', '2016', '2017'],
11.              ['洗衣机', 47.3, 57.1, 62.8],
12.              ['液晶电视机', 82.5, 87.7, 92.5],
13.              ['冰箱', 56.8, 61.8, 71.4],
14.              ['消毒柜', 58.4, 50.2, 61.7],
15.              ['微波炉', 63.8, 58.8, 67.9]
16.          ]
17.      },
18.      xAxis: [
19.          {type: 'category', gridIndex: 0},
20.          {type: 'category', gridIndex: 1}
21.      ],
22.      yAxis: [
23.          {gridIndex: 0},
24.          {gridIndex: 1}
25.      ],
```

```
26.    grid: [
27.        {bottom: '55%'},
28.        {top: '55%'}
29.    ],
30.    series: [
31.        //这几个系列会在第一个直角坐标系中，每个系列对应 dataset 的一列
32.        {type: 'bar'},
33.        {type: 'bar'},
34.        {type: 'bar'},
35.        //这几个系列会在第二个直角坐标系中，每个系列对应 dataset 的一行
36.        // xAxisIndex、yAxisIndex分别对应xAxis、yAxis
37.        {type:'bar',seriesLayoutBy:'row',xAxisIndex:1,yAxisIndex:1},
38.        {type:'bar',seriesLayoutBy:'row',xAxisIndex:1,yAxisIndex:1},
39.        {type:'bar',seriesLayoutBy:'row',xAxisIndex:1,yAxisIndex:1},
40.        {type:'bar',seriesLayoutBy:'row',xAxisIndex:1,yAxisIndex:1},
41.        {type:'bar',seriesLayoutBy:'row',xAxisIndex:1,yAxisIndex:1}
42.    ]
43. };
```

上述代码因为要显示两个坐标系绘图，所以xAxis、yAxis分别定义了两个gridIndex（网格编号），第一个坐标系默认使用编号为0的网格，第二个坐标系使用了编号为1的网格。

series中前3个{type: 'bar'}，绘制到第一个坐标系中，x轴类目对应产品一列数据，3个系列分别对应dataset中2015、2016、2017 3列数据。

series中后5个{type: 'bar', seriesLayoutBy:'row',xAxisIndex:1, yAxisIndex:1}，通过xAxisIndex、yAxisIndex指定到编号为1的网格，绘制到第二个坐标系中，seriesLayoutBy: 'row'表明每个系列对应dataset的一行，所以第二个坐标系的x轴类目显示年份，每个年份有5个产品系列数据。

运行结果如图3-1-7所示。

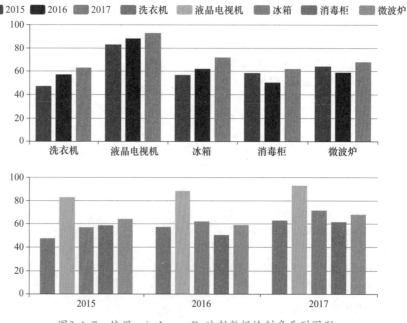

图3-1-7　使用seriesLayoutBy映射数据绘制多系列图形

（4）使用encode映射数据

encode声明的基本结构如下：冒号左边是坐标系、标签等特定名称，如'x'、'y'、'tooltip'等，冒号右边是数据中的维度名（string格式）或者维度的序号（number格式，从0开始计数），可以指定一个或多个维度（使用数组）。通常情况下，数据集中不一定用上所有列，按需求写入encode即可。

下面看一个示例，代码如下：

```
1.  var option = {
2.      dataset: {
3.          source: [
4.              ['评分', '销量', '产品'], [91.5, 1821, '空气炸锅'],
5.              [61.2, 825, '电磁炉'], [72.6, 503, '电饭煲'],
6.              [52.3, 755, '电压力锅'], [87.3, 2148, '电水壶'],
7.              [67.8, 3146, '豆浆机'], [19.6, 252, '面条机'],
8.              [30.6, 352, '电炖锅'], [41.5, 668, '煮蛋器']
9.          ]
10.     },
11.     grid: {containLabel: true},
12.     xAxis: {},
13.     yAxis: {type: 'category'},
14.     series: [
15.         {
16.             type: 'bar',
17.             encode: {
18.                 // 将 销量 列映射到 x 轴。
19.                 x: '销量',
20.                 // 将 产品 列映射到 y 轴。
21.                 y: '产品'
22.             }
23.         }
24.     ]
25. };
```

上述代码中，dataset定义了一个3列数据的二维数组。在series的encode中，x: '销量'，将销量列映射到坐标系的x轴；y: '产品'，将产品列映射到坐标系的y轴。代码运行结果如图3-1-8所示。

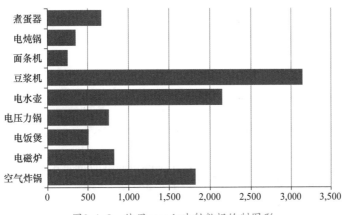

图3-1-8　使用encode映射数据绘制图形

任务实施

某电视机网络销售方近几年营销推广主要依赖自媒体、搜索引擎、视频广告、APP广告这几种方式，下面分别统计了2020年至2022年这几种渠道的销量。

表3-1-1 2020年至2022年电视机各营销渠道销量统计 单位：台

销 售 渠 道	统 计 年 份		
	2020	2021	2022
自媒体	352	578	676
搜索引擎	546	507	578
视频广告	417	443	387
APP广告	293	356	320

表3-1-1数据已经保存成文件lcdtv.json，内容如下：

```
{
    "market" : [
        ["销售渠道", "2020", "2021", "2022"],
        ["自媒体", 352, 578, 676],
        ["搜索引擎", 546, 507, 578],
        ["视频广告", 417, 443, 387],
        ["APP广告", 293, 356, 320]
    ]
}
```

异步加载文件数据到ECharts，使用数据集方式管理加载的数据，并绘制出2020年至2022年3个系列的折线图，显示标签数据。

本任务完成步骤如下：

1. 编写代码

本任务需要异步加载外部文件，可以使用$.get()方法，并且使用数据集方式管理数据，即用dataset.source设置数据。代码如下：

```
1.  <!DOCTYPE html>
2.  <html>
3.  <head>
4.      <meta charset="utf-8">
5.      <title> ECharts 实例</title>
6.      <!-- 引入 echarts.js、jquery.min.js -->
7.      <script src="js/echarts.js"></script>
8.      <script src="js/jquery.min.js"></script>
9.  </head>
10. <body>
11.     <!-- 为ECharts准备一个DOM -->
12.     <div id="main" style="width: 600px;height:400px;"></div>
13.     <script type="text/javascript">
14.         // 基于准备好的DOM，初始化ECharts实例
15.         var myChart=echarts.init(document.getElementById('main'));
16.         // 加载文件数据，指定图表的配置项和数据
17.         $.get('js/lcdtv.json', function (data) {
18.             var option={
```

笔记：引入echarts.js和jquery.min.js两个js文件。

笔记：加载外部JSON数据文件，成功后数据放入data变量中。

```
19.          title: {
20.              text:'2020年至2022年电视机各营销渠道销量统计',
21.              left:'center'
22.          },
23.          legend: {left:'right',top:'6%'},
24.          tooltip: {},
25.          dataset: {
26.              source: data.market
27.          },
28.          xAxis: {type: 'category', name:'渠道'},
29.          yAxis: {name:'销量/台', min:'dataMin', max:'dataMax'},
30.          series: [
31.              // 每个系列对应 dataset 的一列
32.              {type:'line',smooth:'true',label:{show:true}},
33.              {type:'line',smooth:'true',label:{show:true}},
34.              {type:'line',smooth:'true',label:{show:true}}
35.          ]
36.      };
37.      myChart.setOption(option)
38.  })
39.  </script>
40. </body>
41. </html>
```

笔记：使用 dataset.source 参数设置数据集，通过 data.market 指定加载的文件数据。

笔记：series 中定义了3个系列，分别对应 dataset 中的每一列，每个系列均指定了图表类型为平滑折线图，显示数值标签。

2. 浏览网页，检验效果

代码运行结果如图3-1-9所示。

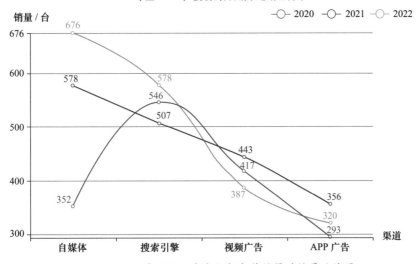

图3-1-9　2020年至2022年电视机各营销渠道销量统计图

任务2　使用视觉通道和布局技术可视化电器产品销售数据

任务描述

电器产品种类繁多，交易数据量大，通过可视化手段对其销售数据进行分析和图表展示，可以帮助销售人员改进销售手段和策略，提高销售量。

产品销售数据可能会有多个维度的信息，因此可能需要在同一个页面显示多个图表，以及为了适应不同浏览设备屏幕尺寸，设置不同图形外观大小。这就需要用到ECharts的视觉通道技术和自适应布局技术。通过视觉通道技术来展示更多维度信息，通过自适应布局技术使图形适应不同浏览设备的屏幕尺寸。

任务分析

本任务将应用visualMap视觉通道、定位和布局以及自适应布局技术来实现相关操作。

visualMap是一种视觉映射的组件，通过对层次、等级等特征设置视觉映射，展示更多图形效果和数据细节。

ECharts图表需要在指定宽高的DIV容器中展示，有时候需要在PC端、移动设备端都能很好地展示图表内容，实现响应式设计，因此需要用到自适应布局技术。ECharts具有较完善的定位和布局方式，并且具备自适应能力。

知识准备

1. visualMap视觉通道

ECharts提供了很多交互组件，如图例组件legend、标题组件title、数据区域缩放组件dataZoom、时间线组件timeline、视觉映射组件visualMap等。除了visualMap外，其他交互组件在前面已有介绍。

可以使用visualMap实现视觉通道的映射，根据层次、等级等方面维度信息，设置不同的视觉元素，实现图形类别、颜色、尺寸等外观的改变。视觉元素主要有：

symbol：图元的图形类别。

symbolSize：图元的大小。

color：图元的颜色。

colorAlpha：图元颜色的透明度。

opacity：图元以及其附属物（如文字标签）的透明度。

colorLightness：颜色的明暗度。

colorSaturation：颜色的饱和度。

colorHue：颜色的色调。

下面通过一个简单示例介绍visualMap的使用，ECharts的option代码如下：

笔记：dataset中是一个二维数组，共有3列数据。

```
1.   var option = {
2.       title: {text: '视觉通道'},
3.       dataset: {
4.           source: [
5.               ['评分', '销量', '产品'],
6.               [91.5, 1821, '空气炸锅'],
7.               [61.2, 825, '电磁炉'],
8.               [72.6, 503, '电饭煲'],
9.               [52.3, 755, '电压力锅'],
10.              [87.3, 2148, '电水壶'],
11.              [67.8, 3146, '豆浆机'],
12.              [19.6, 252, '面条机'],
13.              [30.6, 352, '电炖锅'],
```

```
14.          [41.5, 668, '煮蛋器']
15.        ]
16.    },
17.    xAxis: {name: '销量/台'},
18.    yAxis: {type: 'category', name: '产品'},
19.    visualMap: {
20.        orient: 'horizontal',
21.        left: 'center',
22.        min: 10,
23.        max: 100,
24.        text: ['高分', '低分'],
25.        // 映射到dataset中评分列
26.        dimension: 0,
27.        inRange: {color: ['#fda0a0', '#ff0000']},
28.        type: 'continuous' // continuous为连续型，piecewise则为分段型
29.    },
30.    series: [{
31.        type: 'bar',
32.        encode: {
33.            // 映射到dataset销量列
34.            x: '销量',
35.            // 映射到dataset产品列
36.            y: '产品'
37.    }}]
38. };
```

笔记：visualMap 指定水平居中显示，视觉通道的刻度范围为 10～100，左右分别显示"低分""高分"文本信息，数据维度使用 dataset 中编号为 0 的列的数据，即评分列数据。视觉通道为连续型（continuous）柱条，颜色从浅红（#fda0a0）变化到深红（#ff0000）。

笔记：series 中使用 encode 分别将销量列映射到 x 轴的类目，将产品列映射到 y 轴的数值。

运行结果如图3-2-1所示。

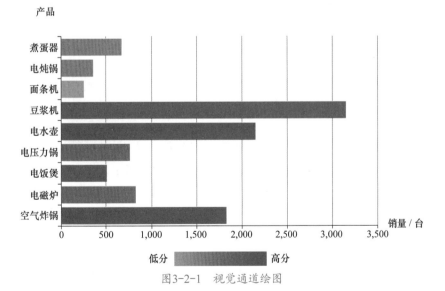

图3-2-1　视觉通道绘图

从图3-2-1可见，水平柱状图的y轴表示产品，x轴表示销量，最下面为视觉通道，表示产品的评分，评分越高的柱子颜色越红，评分越低的柱子颜色越浅。当鼠标移入水平柱子，下方视觉通道显示相应的评分信息。

如果visualMap的type改为piecewise，那么视觉通道将呈现分段的效果，不同段的颜色对应不同水平柱子的颜色，表示不同的评分区间。单击分段，可以打开或关闭对应评

分区间的水平柱子。分段型视觉通道绘图如图3-2-2所示。

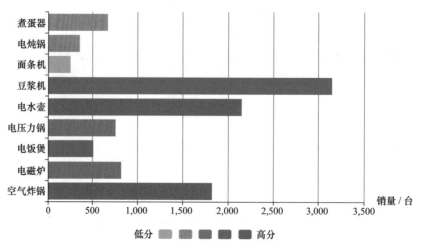

图3-2-2　分段型视觉通道绘图

上面代码只定义了一个visualMap组件，也可以定义多个visualMap组件，从而同时对数据中的多个维度进行视觉映射。

2. 定位和布局

ECharts大部分组件定位和布局的实现，会使用方向、宽高、中心坐标、半径大小、横向和纵向等参数，大致可以将它们分成3种类型的定位和布局方式。

（1）left/right/top/bottom/width/height定位方式

left/right/top/bottom分别表示与容器左边界、右边界、上边界、下边界的距离；width/height表示图表对象的宽度/高度。在指定这些参数的值时，可以使用3种表示方式，分别是绝对值、百分比、位置描述关键词。

绝对值：单位是浏览器像素（px），只用具体数值书写，不用写单位，如{left: 20, width: 200}，表示距离左边界20px，宽度200px。

百分比：表示占图表容器宽高的百分比，一般用百分比字符串书写。如：{left: '20%', width: '60%'}，表示与左边界的距离占容器大小的20%，图表对象的宽度占容器大小的60%。

位置描述关键词：用描述位置的词语来设置参数，包括left、center、right、top、middle、bottom等，如{left: 'center', top: 'middle'}，表示横向居中，纵向居中。

一般在某个方向上，只需要使用两个量来设置参数即可。如横向方面left、right、width 3个量中，只需设置其中任意两个量。纵向方面top、bottom、height 3个量中，也只需设置其中任意两个量。

（2）center / radius定位方式

center：参数值用数组[x, y]形式表示，x、y可以是绝对值，也可以是百分比，表示中心坐标的位置，一般在极坐标图形中用于中心点的定位。

radius：参数值用数组[x, y]形式表示，x、y可以是绝对值，也可以是百分比，x、y分别表示图形内半径、外半径大小。饼图中常用此参数设置半径大小。

（3）horizontal / vertical布局方式

ECharts一些外观狭长的组件如图例legend、视觉通道visualMap、区域缩放

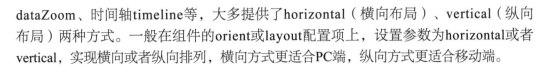

dataZoom、时间轴timeline等，大多提供了horizontal（横向布局）、vertical（纵向布局）两种方式。一般在组件的orient或layout配置项上，设置参数为horizontal或者vertical，实现横向或者纵向排列，横向方式更适合PC端，纵向方式更适合移动端。

3. 自适应布局技术

一般情况，ECharts在设置好DIV容器大小后，不再改变其大小。如<div id="main" style="width: 600px;height:400px;"></div>，设置容器大小为600×400px，其大小不再发生改变，浏览时即使浏览器缩放宽度小于容器大小，图表也不会发生变化，只是部分区域会被遮挡。

（1）resize()方法

ECharts可以使用resize()方法为图表设置特定的大小，指定宽度和高度，实现图表大小不等于容器大小的效果。如果在创建DIV容器时，没有指定大小或通过样式指定了大小（如<div id="main"></div>），在后面都可以重设图表大小，方法为myChart.resize({width:800,height:600})。

在一些场景中，容器大小改变时，图表大小也需要相应地改变，比如：图表容器设为宽度100%，高度设为500px，当浏览器宽度改变时，想始终保持图表宽度是页面的100%，不会因为容器宽度变小而看不到一部分图表的内容。这种情况就需要监听页面的resize事件，获取浏览器大小改变的事件，然后调用ECharts实例的resize方法改变图表的大小，方法代码如下：

```
window.addEventListener('resize', function() {
    myChart.resize();
});
```

下面举例说明，主要代码如下：

```
1.   <div id="main" style="width:70%;height:500px;"></div>
2.   <script type="text/javascript">
3.       // 基于准备好的DOM，初始化ECharts实例
4.       var myChart = echarts.init(document.getElementById('main'));
5.       window.addEventListener('resize', function() {
6.           myChart.resize();
7.       });
8.       var option = {
9.           xAxis: {
10.              type: 'category',
11.              data: ['周一','周二','周三','周四','周五','周六','周日']
12.          },
13.          yAxis: {
14.              type: 'value'
15.          },
16.          legend: {
17.            data: ['A产品销量', 'B产品销量','C产品销量'],
18.            left: 'right'
19.          },
20.          series: [{
21.              name:'A产品销量',
22.              data: [650, 332, 213, 566, 1290, 870, 470],
```

笔记：定义了 DIV 区块容器大小为 'width:70%;height:500px;'，表示图形容器的宽度为浏览器页面宽度的 70%，高度为 500px。window 窗体添加了事件监听器，监听到改变浏览器窗体大小事件时，就会重设 ECharts 实例 myChart 的大小，始终保持图表宽度为浏览器页面宽度的 70%。

```
23.            type: 'bar',
24.            smooth: true
25.        },
26.        {
27.            name:'B产品销量',
28.            data: [325, 262, 117, 375, 625, 476, 307],
29.            type: 'bar',
30.            smooth: true
31.        },
32.        {
33.            name:'C产品销量',
34.            data: [953, 266, 407, 836, 1298, 836, 666],
35.            type: 'bar',
36.            smooth: true
37.        }]
38.    };
39.    myChart.setOption(option);
40. </script>
```

运行结果如图3-2-3所示。

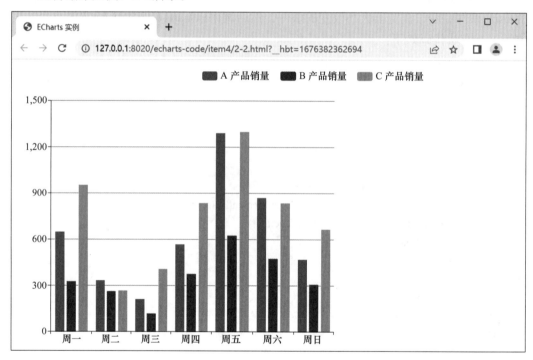

图3-2-3　监听图表容器自适应改变大小的事件

当浏览器窗体大小发生改变时，图表宽度始终为浏览器页面宽度的70%。

（2）Media Query方法

为了自适应移动端尺寸大小，自动改变图形布局，可以使用Media Query方法。Media Query 提供了随着容器尺寸改变而改变的能力。下面举例说明，代码如下：

```
1.  <!DOCTYPE html>
2.  <html>
3.  <head>
4.      <meta charset="utf-8">
```

```
5.        <title>ECharts 实例</title>
6.        <!-- 引入 jquery.min.js、echarts.js -->
7.        <script src="js/jquery.min.js"></script>
8.        <script src="js/echarts.js"></script>
9.    </head>
10.   <body>
11.       <!-- 为ECharts准备一个具备一定大小（宽高）的DOM -->
12.       <div id="main" style="width: 100%;height:400px;"></div>
13.       <script type="text/javascript">
14.           // 基于准备好的DOM，初始化ECharts实例
15.           var myChart = echarts.init(document.getElementById('main'));
16.           // 监听浏览器宽度大小，自适应改变大小
17.           window.addEventListener('resize', function() {
18.               myChart.resize();
19.           });
20.           var option = {
21.               // 基础option，定义图形基本参数
22.               baseOption:{
23.                   title : {
24.                       text: '家电一周销量',
25.                       subtext: '南丁格尔玫瑰图',
26.                       left:'center'
27.                   },
28.                   legend: {
29.                       data:['电煮锅','电炒锅','电磁炉','电火锅','电蒸锅','电饭煲']
30.                   },
31.                   series : [{
32.                       name:'半径模式',
33.                       type:'pie',
34.                       roseType : 'radius',
35.                       data:[
36.                           {value:15, name:'电煮锅'},
37.                           {value:4, name:'电炒锅'},
38.                           {value:46, name:'电磁炉'},
39.                           {value:21, name:'电火锅'},
40.                           {value:19, name:'电蒸锅'},
41.                           {value:64, name:'电饭煲'}
42.                       ]
43.                   }]
44.               },
45.       // 设置media自适应，media将针对不同query情况设置不同option参数
46.               media: [{
47.                   query: { //当宽高比≥1时，执行下方option
48.                       minAspectRatio: 1
49.                   },
50.                   option: {
51.                       legend: {
52.                           right: 'center',
53.                           bottom:0,
54.                           orient: 'horizontal'
```

笔记：使用 window. addEventListener( ) 监听浏览器窗口大小改变事件，当大小发生变化时，执行 myChart. resize( )，重设图表大小。

笔记：option 中包括 baseOption 和 media 两部分，baseOption 为基础 option，定义了图表的基本参数，一些定位和布局的参数往往放到 media 中定义。

笔记：media 中一般会使用 query 条件来指定 option，类似分支判断，满足 query 条件则执行紧接着的 option。如果没有设置 query 条件，则表示不满足任何条件时，默认执行的 option 参数。左侧代码 media 中有两个 query option。第一个 query 条件为 minAspectRatio:1，表示当宽高比大于等于1时，执行下方 option，此时图例设为底端居中水平方向显示，玫瑰图内外半径分别为

20%、50%，中心点在x、y方向的位置为50%、50%，居中显示。第二个query条件为maxWidth: 600，表示当容器宽度小于等于600px时，执行下方option，此时图例位于右侧，垂直显示，玫瑰图内外半径分别为10%、40%，图形变小，中心点在x、y方向的位置为40%、40%，偏左上方。

```
55.                    },
56.                    series: [
57.                        {
58.                            radius: ['20%', '50%'],
59.                            center: ['50%', '50%']
60.                        }
61.                    ]}
62.                },{
63.                    query: { //当容器宽度≤600时，执行下方option
64.                        maxWidth: 600
65.                    },
66.                    option: {
67.                        legend: {
68.                            right: '8%',
69.                            top: '15%',
70.                            orient: 'vertical'
71.                        },
72.                        series: [
73.                            {
74.                                radius: ['10%', '40%'],
75.                                center: ['40%', '40%']
76.                            }
77.                        ]}
78.                    }
79.                ]
80.            };
81.            myChart.setOption(option)
82.    </script>
83. </body>
84. </html>
```

运行后，浏览器全屏时效果如图3-2-4所示。

图3-2-4　Media Query方法改变图形布局的初始图

浏览器全屏时，宽高比大于1，所以会执行第一个query-option。当改变浏览器大小时，浏览器宽度小于600px后，会执行第二个query-option，玫瑰图内外半径发生改变，图例位置发生改变，如图3-2-5所示。

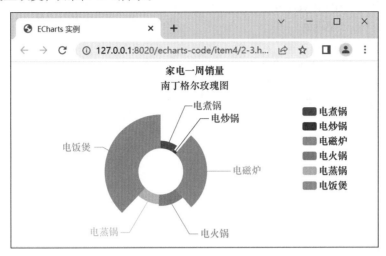

图3-2-5　Media Query方法改变图形布局之后的图形

任务实施

某小家电销售商主要经营各种风扇，其对自己2021年和2022年各种品牌风扇销量进行了统计，结果见表3-2-1。

表3-2-1　2021年和2022年各种品牌风扇销量统计　　　　　单位：台

品　牌	年　份	
	2021	2022
美的	4573	6786
艾美特	1482	2534
海尔	4191	3578
荣事达	2162	1879
先锋	2455	3247
美菱	3286	3165

利用表3-2-1数据，将2021年和2022年各种风扇销量分别绘制玫瑰图，展示各品牌销量占比情况。使用自适应布局和定位技术，在默认情况下，两个玫瑰图水平排列，当图表容器宽度小于500px时，两个饼图垂直排列，且图例位置由底部转到左侧。

本任务完成步骤如下：

1. 编写代码

本任务需要绘制两个玫瑰图，并设置自适应图形容器大小，改变定位和布局。为了方便调整容器大小，这里使用ECharts官网提供的Java Script代码实现。代码如下：

```
1.  <script type="text/javascript">
2.      // 基于准备好的DOM，初始化ECharts实例
3.      var myChart = echarts.init(document.getElementById('main'));
4.      // 加载拖拽框代码
5.      $.when(
6.          $.getScript('js/timelineGDP.js'),
7.          $.getScript('js/draggable.js')
```

```
8.      ).done(function () {
9.          // 加载Java Script 后，初始化拖拽框内的图表
10.         draggable.init(
11.             $('div[_echarts_instance_]')[0],
12.             myChart,
13.             {
14.                     width: 700,
15.                     height: 400,
16.                     throttle: 70
17.             }
18.         );
19.
20.         var option = {
21.             ...
22.         };
23.         myChart.setOption(option)
24.     });
25. </script>
```

这里需要加载timelineGDP.js、draggable.js代码，加载完后，对myChart图表对象进行初始化，设置宽、高及拖拽流畅度，并隐藏图表加载效果。

接下来重点编写option中的baseOption和media部分。代码如下：

笔记：baseOption中，主要定义了两个玫瑰图的基础参数，包括标题、提示框、图例、工具箱，以及两个系列。

```
1.  var option = {
2.      // 基础option，定义图形基本参数
3.      baseOption: {
4.          title : {
5.              text: '2021—2022年各种品牌风扇销量统计',
6.              left:'center'
7.          },
8.          tooltip : {
9.              trigger: 'item',
10.             formatter: "{a} <br/>{b} : {c} ({d}%)"
11.         },
12.         legend: {
13.             data:['美的','艾美特','海尔','荣事达','先锋','美菱']
14.         },
15.         toolbox: {
16.             show : true,
17.             feature : {
18.                 mark : {show: true},
19.                 dataView : {show: true, readOnly: false},
20.                 magicType : {show: true,type:['pie','funnel']},
21.                 restore : {show: true},
22.                 saveAsImage : {show: true}
23.             }
24.         },
25.         series : [
26.             {
```

```
27.              name:'2021年风扇销量/台',
28.              type:'pie',
29.              roseType : 'radius',
30.              data:[
31.                  {value:4573, name:'美的'},
32.                  {value:1482, name:'艾美特'},
33.                  {value:4191, name:'海尔'},
34.                  {value:2162, name:'荣事达'},
35.                  {value:2455, name:'先锋'},
36.                  {value:3286, name:'美菱'}
37.              ]
38.          },
39.          {
40.              name:'2022年风扇销量/台',
41.              type:'pie',
42.              roseType : 'area',
43.              data:[
44.                  {value:6786, name:'美的'},
45.                  {value:2534, name:'艾美特'},
46.                  {value:3578, name:'海尔'},
47.                  {value:1879, name:'荣事达'},
48.                  {value:3247, name:'先锋'},
49.                  {value:3165, name:'美菱'}
50.              ]
51.          }
52.      ]
53.  },
54. // 设置media自适应，media将针对不同query情况设置不同option参数
55.    media: [{
56.        query: {
57.            minAspectRatio: 1 //当宽高比≥1时，执行下方option
58.        },
59.        option: {
60.            legend: {
61.                left: 'center',
62.                bottom: '10%',
63.                orient: 'horizontal'
64.            },
65.            graphic: [
66.                {type: 'text', left: '25%', top: '16%',
67.                style: {text: '2021年',fontSize:16}},
68.                {type: 'text', left: '69%', top: '16%',
69.                style: {text: '2022年',fontSize:16}}
70.            ],
71.            series: [
72.                {radius: ['8%', '50%'], center:['28%','50%']},
73.                {radius: ['12%', '50%'], center:['72%','50%']}
74.            ]}
```

笔记：第一个系列为半径类型玫瑰图，对应 2021 年销量数据。

笔记：第二个系列为区域类型玫瑰图，对应 2022 年销量数据。

笔记：在 media 中设置了 3 组 query-option，实现不同容器大小的定位和布局。

笔记：第一组 query-option 中，当宽高比大于等于 1 时，执行下方 option，将图例设置到底端，水平居中显示，两个饼图上方分别显示年份标签文本，并设置玫瑰图内外半径大小、中心点位置。

笔记：第二组 query-option 中，当宽高比 小于1时，执行下方 option， 改变玫瑰图半径、中心点位 置参数，实现第二个玫瑰图 位于第一个玫瑰图下方，年 份标签文本随之变化。

笔记：第三组 query-option 中，当容器宽 度小于500px时，执行下 方 option，改变图例的位置 到右侧，改变第二个玫瑰 图到第一个玫瑰图的下方， 年份标签文本随之变化。

```
75.          },{
76.             query: {
77.                maxAspectRatio: 1 //当宽高比<1时，执行下方option
78.             },
79.             option: {
80.                legend: {
81.                   right: 'center',
82.                   bottom: '0%',
83.                   orient: 'horizontal'
84.                },
85.                graphic: [
86.                   {type: 'text', left: '47%', top: '10%',
87.                    style: {text: '2021年',fontSize:14}},
88.                   {type: 'text', left: '47%', top: '52%',
89.                    style: {text: '2022年',fontSize:14}}
90.                ],
91.                series: [
92.                   {radius: ['8%', '30%'], center:['50%','30%']},
93.                   {radius: ['10%', '30%'], center:['50%','70%']}
94.                ]}
95.          },{
96.             query: {
97.                maxWidth: 500  //当宽度≤500px时，执行下方option
98.             },
99.             option: {
100.               legend: {
101.                  right: '2%',
102.                  top: '15%',
103.                  orient: 'vertical'
104.               },
105.               graphic: [
106.                  {type: 'text', left: '47%', top: '10%',
107.                   style: {text: '2021年',fontSize:14}},
108.                  {type: 'text', left: '47%', top: '54%',
109.                   style: {text: '2022年',fontSize:14}}
110.               ],
111.               series: [
112.                  {radius:['10%','35%'],center:['50%','30%']},
113.                  {radius:['12%','35%'],center:['50%','75%']}
114.               ]}
115.            }
116.         ]
117.};
```

2. 浏览网页，检验效果

由于在初始化设置图形容器大小后，容器宽高比大于1，所以默认显示第一组 query-option中的参数效果，运行结果如图3-2-6所示。

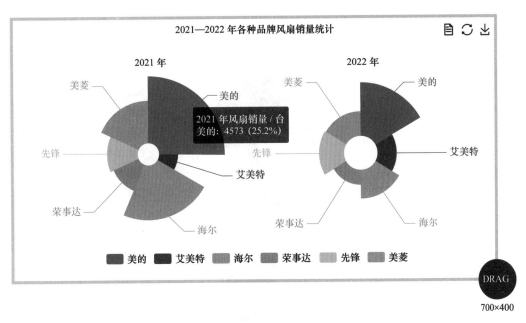

图3-2-6 宽高比大于1的自适应图形

当拖拽按钮，使图形容器宽高比小于1时，图形发生变化，运行结果如图3-2-7所示。

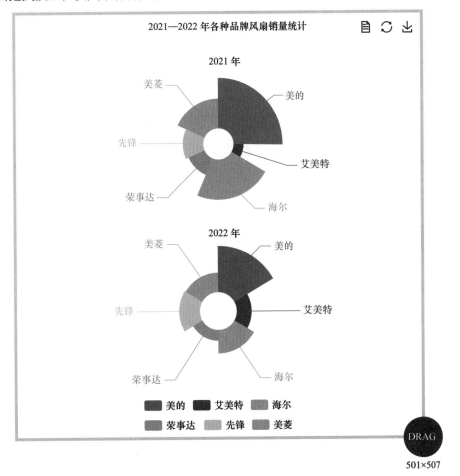

图3-2-7 宽高比小于1的自适应图形

继续拖拽按钮，使图形容器宽度小于500px时，图形继续发生变化，运行结果如图3-2-8所示。

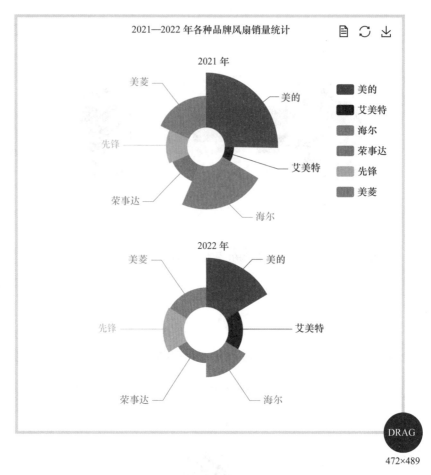

472×489

图3-2-8　图形容器小于500px的自适应图形

这些变化正是因为代码中设置了3组query-option，当满足不同条件时应用不同参数，实现不同的效果。在实际应用中，可以设置条件，满足PC端和移动端图形显示效果的具体需求。

任务3　电器产品网络销售Dashboard可视化制作

任务描述

随着商家逐渐走上数字化经营道路，与经营有关的活动，例如进货出货、库存、客户管理、营销、财务、运营、开发、设计等都需要数字化转型。数字化有利于提高工作效率，节省成本。数字化经营将存储大量数字资源，有利于数据分析和可视化应用。

商家基于现有的一些经营数据，需要绘制图表以展现近期的订单、库存、销量、客户分布等情况。为了更好、更直观地呈现，需要将所有图表绘制到一个页面中，以DashBoard方式展示出来。

任务分析

本任务将使用ECharts Dashboard数字大屏进行可视化制作，将多个图表集中到一个Web页面中。本任务主要用到ECharts各种组件的定位布局技术，以及将各个系列对应到不同的图表中，并将数据正确显示出来的技术。本任务的Dashboard主要使用静态数据。

知识准备

1. Dashboard简介

Dashboard是商业智能仪表盘（Business Intelligence Dashboard，BI Dashboard）的简称，它是一个用于实现数据可视化的模块，也是能够向企业展示各种度量信息和关键指标的数据虚拟化工具。图3-3-1就是一个典型的数字大屏。

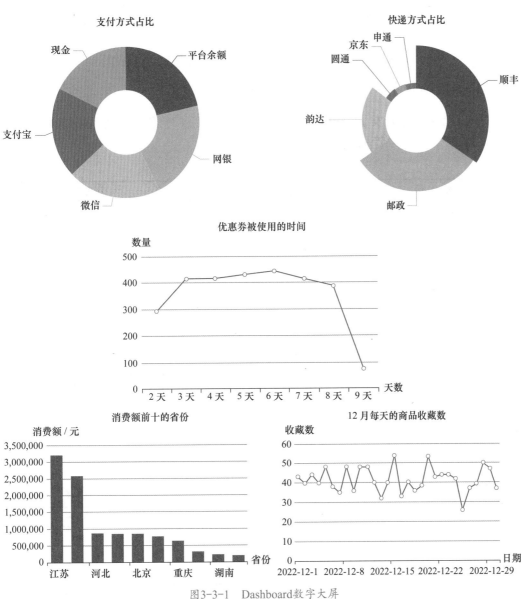

图3-3-1 Dashboard数字大屏

Dashboard可以在一个屏幕上通过定位、布局技术，将文字、图片、图形、表格、音频、视频、超链接等集合在一起，设置不同颜色和形状，形成错落有致的数字大屏效果。

Dashboard可以从多种数据源获取实时数据，并且是定制化的交互式界面，它以丰富的、可交互的可视化界面为用户提供更好的数据展示。

2. Dashboard定位和布局技术

Dashboard可以使用DIV+CSS来布局，也可以用flex来布局等，当然也可以使用

ECharts自带的定位和布局技术。

ECharts的定位和布局主要用到前面介绍的几种方式，包括：

left/right/top/bottom：用于指定对象左、右、上、下各方向的距离。

width/height：用于指定对象宽度、高度；center：用于指定中心点位置。

radius：用于指定半径大小。

horizontal：用于指定水平布局；vertical：用于指定垂直布局。

x / y：用于指定对象x方向/y方向上的坐标位置。

grid：索引为各个图形提供了网格编号，方便各种参数和数据应用到不同编号的图形中。

本任务将使用ECharts自带的定位和布局技术完成数字大屏的制作。

任务实施

某电器专卖商场开发了网络平台，主营网络销售。现对其2020年经营相关数据进行整理，2020年各月电器产品销量、利润情况见表3-3-1。

表3-3-1　2020年各月电器产品销量和利润情况

月　份	销量/台	利润/元
1月	64,571	774,852
2月	23,565	259,215
3月	37,694	459,867
4月	45,873	610,111
5月	78,754	984,425
6月	68,954	910,193
7月	41,267	598,372
8月	32,165	488,908
9月	45,673	621,153
10月	68,758	880,102
11月	98,674	1,075,547
12月	35,682	467,434

对客户年龄分布进行分析，结果见表3-3-2。

表3-3-2　客户年龄分布

年龄分布	客户数	占比
25岁以下	45,343	12.08%
25～40岁	153,497	40.91%
41～60岁	137,645	36.68%
大于60岁	38,768	10.33%

对支付情况进行统计，结果见表3-3-3。

表3-3-3　支付情况

支付方式	支付次数	占比
支付宝	308,272	48.05%
微信支付	216,107	33.68%
网银	94,584	14.74%
财付通	22,667	3.53%

客户使用优惠券的间隔天数和使用量统计见表3-3-4。

表3-3-4　客户使用优惠券的间隔天数和使用量

天　　数	1天	2天	3天	4天	5天	6天	7天	8天	9天
使 用 量	4732	4576	6492	5473	4371	3524	3298	2189	854

对平台11月搜索的电器品牌关键词进行统计，搜索次数最多的20个品牌关键词见表3-3-5。

表3-3-5　搜索次数最多的20个品牌关键词

关 键 词	搜 索 次 数	关 键 词	搜 索 次 数
美的	6,450,756	康佳	5,067,927
小米	6,338,911	创维	4,619,594
海尔	6,276,294	新飞	4,339,762
TCL	6,275,914	松下	4,258,695
海信	6,048,725	米家	3,746,149
格力	5,941,142	艾美特	3,442,727
奥克斯	5,841,597	苏泊尔	3,248,192
荣事达	5,504,204	九阳	3,100,196
长虹	5,501,203	美菱	2,870,222
志高	5,225,034	樱花	1,744,932

使用以上数据绘制Dashboard数字大屏。大屏上方绘制3个饼图（类型为玫瑰图、环图），分别统计2020年4个季度的销售利润情况、客户年龄分布情况、支付情况；下方左侧绘制柱状图，展示2020年每月电器的销量情况；中间使用词云图展示电器品牌关键词搜索次数最多的20个品牌；右侧使用折线图展示客户使用优惠券的间隔天数和使用量的统计情况。

本任务完成步骤如下：

1. 编写代码

本任务需要在一个页面中绘制3个饼图、1个柱状图、1个词云图、1个折线图，下面分步实现。

（1）导入Java Script代码

因为要绘制词云图，所以分别导入echarts.js和echarts-wordcloud.js。

```
1.  <script src="js/echarts.js"></script>
2.  <script src="js/echarts-wordcloud.js"></script>
```

（2）设置标题、提示框、背景色

在option中设置标题title、提示框tooltip、背景色backgroundColor参数，代码如下：

```
1.  title: [
2.    {text: '2020年电器产品网络销售统计情况',x: 'center',y: '1%', textStyle: {fontSize: 42}},
3.    {text: '各季度电器销售利润',x: '10%',y: '12%',textStyle: {fontSize: 24}},
4.    {text: '客户年龄分布',x: 'center',y: '12%', textStyle: {fontSize: 24}},
5.    {text: '支付方式',x: '70%',y: '12%',textStyle: {fontSize: 24}},
6.    {text: '各月电器销量统计',x: '10%',y: '50%',textStyle: {fontSize: 24}},
7.    {text: '关键词搜索频率TOP20品牌',x: '38%',y: '50%', textStyle: {fontSize: 24}},
8.    {text: '优惠券间隔不同天数使用量',x: '70%',y: '50%', textStyle: {fontSize: 24}}
9.  ],
```

```
10. tooltip: {
11.     trigger: 'axis',
12.     axisPointer: {type: 'shadow'}
13. },
14. backgroundColor: 'rgba(255,255,255,0)',
```

其中title设置了7个标题，1个总标题，其余6个标题分别对应6个图形，使用x、y基于容器进行定位，使用字体样式textStyle设置字体大小。

tooltip针对两个直角坐标轴图，设置了提示框触发条件为axis，并设置了阴影效果。

backgroundColor用于设置整个容器背景，这里为白色透明效果。

（3）设置网格、x轴、y轴

在option中设置网格grid、x轴xAxis、y轴yAxis参数，代码如下：

```
1.  grid: [
2.      {left: '5%',right: '65%',top: '60%',bottom: '3%',containLabel: true},
3.      {gridIndex: 1,left: '70%',right: '3%',top: '60%',bottom: '3%'}
4.  ],
5.  xAxis: [{
6.          type: 'category',
7.          name: '月份',
8.          axisLabel: {rotate:45},
9.          data: ['1月', '2月', '3月', '4月', '5月', '6月',
10.               '7月', '8月', '9月', '10月', '11月', '12月']
11.     },
12.     {
13.         gridIndex: 1,
14.         type: 'category',
15.         name: '天',
16.         boundaryGap: false,
17.         data: ['1天','2天','3天','4天','5天','6天','7天','8天','9天']
18.     }
19. ],
20. yAxis: [{
21.         type: 'value',
22.         name: '销量/台',
23.     },
24.     {
25.         gridIndex: 1,
26.         type: 'value',
27.         name: '使用数量',
28.         axisLabel: {formatter: '{value} '}
29.     }
30. ],
```

这些参数主要针对两个直角坐标轴图设置效果，3个参数中都包含两个对象，分别对应后面的柱状图和折线图。第一个grid中分别指定了柱状图、折线图左、右、上、下的距离，第二个grid指定了网格编号gridIndex为1，方便第二个xAxis、yAxis分别引用，以及series第二个直角坐标轴系列对应其编号。

（4）设置系列，创建出大屏中 6 个图形

series 中放置了 6 个对象，分别用于创建左下方的柱状图、中下方的词云图、右下方的折线图、左上方的玫瑰图、中上方的环图、右上方的玫瑰图。前两个直角坐标轴图通过上一部分的网格 grid 指定了位置，词云图通过 x、y 参数指定位置，后面三个饼图，通过 center 参数指定位置。代码如下：

```
1.   series: [
2.       {//创建左下方的柱状图
3.           type: 'bar',
4.           data: [64571,23565,37694,45873,78754,68954,41267,32165, 45673,68758,98674,35682],
5.           markLine: {
6.               data: [{type: 'average',name: '平均值'}]
7.           }
8.       },
9.       {//创建右下方的折线图
10.          xAxisIndex: 1,
11.          yAxisIndex: 1,
12.          type: 'line',
13.          data: [4732,4576,6492,5473,4371,3524,3298,2189,854],
14.          smooth: true,
15.          markPoint: {
16.              data: [
17.                  {type: 'max',name: '最大值',symbolSize: 60},
18.                  {type: 'min',name: '最小值',symbolSize: 60}
19.              ],
20.              itemStyle: {normal: {color: '#F36100'}}
21.          }
22.      },
23.      {//创建下方中间的词云图
24.          type: 'wordCloud',
25.          gridSize: 5,
26.          shape:'circle',
27.          sizeRange: [5, 30],
28.          x:'18%',
29.          y:'35%',
30.          textStyle: {
31.              normal: {
32.                  color: function() {//词云的颜色随机
33.                      return 'rgb(' + [
34.                          Math.round(Math.random() * 255),
35.                          Math.round(Math.random() * 255),
36.                          Math.round(Math.random() * 255)
37.                      ].join(',') + ')';
38.                  }
39.              },
40.              emphasis: {
41.                  shadowBlur: 10,//阴影的模糊等级
```

笔记：第一个系列对应左下方的柱状图，设置了图形类型、data 数据，以及平均值标志线。

笔记：第二个系列对应右下方的折线图，设置了对应的 x 轴、y 轴索引编号，图形类型，data 数据，平滑模式，以及最大值、最小值标志线。

笔记：第三个系列对应下方中间的词云图，设置了词间距、词云形状、大小范围、文本颜色以及移入的阴影效果等。

笔记：词云图的数据定义格式。

笔记：第四个系列对应左上方的玫瑰图，进行了定位，指定了大小，设置了提示框、标签文本和数据等。

笔记：第五个系列对应上方中间的环图，进行了定位，指定了大小，设置了提示框、标签文本和数据等。

```
42.                    shadowColor: '#333'//鼠标悬停在词云上的阴影颜色
43.                }
44.            },
45.            data: [
46.                    {name: '美的',value:6450756},
47.                    {name: '小米',value:6338911},
48.                    {name: '海尔',value:6276294},
49.                    {name: 'TCL',value:6275914},
50.                    {name: '海信',value:6048725},
51.                    {name: '格力',value:5941142},
52.                    {name: '奥克斯',value:5841597},
53.                    {name: '荣事达',value:5504204},
54.                    {name: '长虹',value:5501203},
55.                    {name: '志高',value:5225034},
56.                    {name: '康佳',value:5067927},
57.                    {name: '创维',value:4619594},
58.                    {name: '新飞',value:4339762},
59.                    {name: '松下',value:4258695},
60.                    {name: '米家',value:3746149},
61.                    {name: '艾美特',value:3442727},
62.                    {name: '苏泊尔',value:3248192},
63.                    {name: '九阳',value:3100196},
64.                    {name: '美菱',value:2870222},
65.                    {name: '樱花',value:1744932},
66.            ],
67.        },
68.        {//创建左上方的玫瑰图
69.            type: 'pie',
70.            center: ['20%', '33%'],
71.            radius: ['5%', '20%'],
72.            roseType : 'radius',
73.            tooltip: {trigger: 'item'},
74.            label: {normal: {formatter: '{b} :\n{d}%'}},
75.            data: [
76.                    {value: 1493934,name: '第1季度'},
77.                    {value: 2504729,name: '第2季度'},
78.                    {value: 1708433,name: '第3季度'},
79.                    {value: 2423083,name: '第4季度'}
80.            ]
81.        },
82.        {//创建上方中间的环图
83.            type: 'pie',
84.            center: ['50%', '33%'],
85.            radius: ['10%', '20%'],
86.            tooltip: {trigger: 'item'},
87.            label: {normal: {formatter: '{b} :\n{d}%'}},
88.            data: [
```

```
89.            {value: 45343,name: '25岁以下'},
90.            {value: 153497,name: '25～40岁'},
91.            {value: 137645,name: '41～60岁'},
92.            {value: 38768,name: '大于60岁'}
93.          ]
94.       },
95.    {//创建右上方的玫瑰图
96.       type: 'pie',
97.       center: ['80%', '33%'],
98.       radius: ['8%', '20%'],
99.       roseType : 'area',
100.      tooltip: {trigger: 'item'},
101.      label: {normal: {formatter: '{b} :\n{d}%'}},
102.      data: [
103.          {value: 308272,name: '支付宝'},
104.          {value: 216107,name: '微信支付'},
105.          {value: 94584,name: '网银'},
106.          {value: 22667,name:'财付通'}
107.      ]
108.   }
109.]
```

笔记: 第六个系列对应右上方的玫瑰图, 进行了定位, 指定了大小, 设置了提示框、标签文本和数据等。

2. 浏览网页，检验效果

代码运行结果如图3-3-2所示。

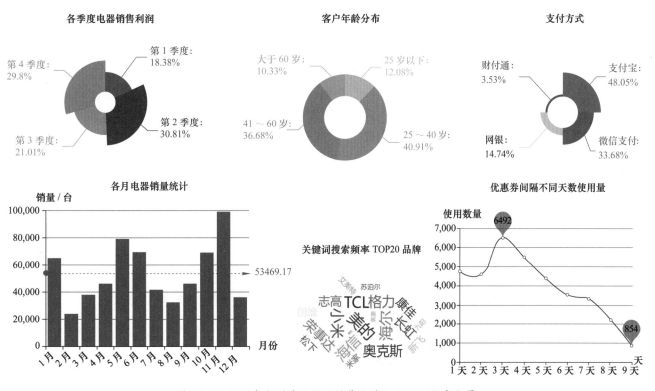

图3-3-2　2020年电器产品网络销售统计Dashboard数字大屏

通过Dashboard数字大屏，将多个图表集中起来，可以多方位、多角度、全景展示电器产品网络销售各项指标，帮助决策者直观看到重要信息。

任务4　空调销售数据ECharts联动图的制作

任务描述

商家需要展示较多数据时，往往需要多个图表展示不同维度的信息，当需要通过一个图表查看某个维度特征信息时，另外的图表也能跟着展示关联信息，具有联动效果，这就需要制作联动图。

ECharts可以实现多个图表共享一个数据集，并制作带有联动交互效果的图表。现有某商城空调设备的销售数据，本任务需要绘制图表以展示各个年度各个品牌的销售情况，既要展示各品牌不同年度的销售趋势，又要展示不同年度不同品牌的销售占比，实现图表联动效果。

任务分析

本任务将ECharts与JavaScript事件相结合来实现联动图效果，绘制多条折线图并联动饼图，当鼠标移入折线图不同类目时，饼图展示出该类目下各维度信息的占比情况。

知识准备

1. 联动图简介

多个图表之间有关联，当鼠标在一个图表中移动时，另外的图表也会发生变化，这就是联动图。常见的联动图效果有折线图联动饼图、柱状图/折线图同步联动、饼图联动柱状图，以及表格联动饼图等。

折线图联动饼图是用得较多的一种效果。当鼠标在折线图坐标轴上方不同类目间移动时，饼图也随之改变。一般会利用myChart.on('updateAxisPointer', function (event) {})来实现联动，其实质是先通过鼠标事件，不断获取xAxis信息，然后根据获取到的xAxis信息更新饼图，达到联动效果。

2. ECharts事件

ECharts中可以通过监听用户的操作行为来回调对应的函数，常用on方法来监听用户的行为，例如监听用户的单击事件。这些事件可以分为两种类型，包括：

（1）鼠标操作事件

鼠标操作事件如click、dblclick、mousedown、mousemove、mouseup、mouseover、mouseout、globalout、contextmenu等。

在绘制柱状图后，添加下面代码可以实现监控鼠标单击事件：

```
myChart.setOption(option);
myChart.on('click', function (params) {
    alert(params.name+":"+params.data);
});
```

鼠标单击柱子会触发弹框效果，弹框中显示柱子对应的类目和数值。

（2）行为事件

用户使用可以交互的组件后触发行为事件，例如在切换图例开关时触发legendselectchanged事件，数据区域缩放时触发datazoom事件等。

打开、关闭图例触发的行为事件代码如下：

```
myChart.setOption(option);
myChart.on('legendselectchanged', function (params) {
    var isSelected = params.selected[params.name];
    console.log((isSelected ? '选中了' : '取消选中了') + '图例' + params.name);
    console.log(params.selected);
});
```

上述代码myChart通过on方法监听legendselectchanged事件，即图例的开或关事件。如果关闭了某个图例，则会在控制台显示"取消选中了图例"，并提示两个图例的开关状态：{图例1: false, 图例2: true}；如果打开了某个图例，控制台显示"选中了图例"，以及提示{图例1: true, 图例2: true}。

任务实施

某网上商城主要经营电器产品，为了了解近些年空调的销售情况，该网上商城现对2017年—2022年各种品牌空调销量进行了统计，结果见表3-4-1。

表3-4-1　2017年—2022年各种品牌空调销量统计　　　　　　　单位：台

空调品牌	2017年	2018年	2019年	2020年	2021年	2022年
格力	83,795	96,966	101,029	103,947	102,579	115,578
海尔	71,547	78,316	81,308	80,537	81,942	84,446
美的	69,548	74,637	84,962	87,646	97,878	94,005
海信	59,504	62,292	71,535	72,472	70,272	81,512
志高	36,222	43,557	44,145	40,028	41,757	48,037

利用表3-4-1数据，绘制多条折线图联动饼图。折线图中，横轴为年份值（2017至2022），纵轴为各品牌销量，鼠标移入坐标轴不同年份时，饼图产生联动效果，出现该年份各种空调品牌的销量及占比情况。

本任务完成步骤如下：

1. 编写代码

要实现联动效果，使用setTimeout来定时执行主体代码，主体代码结构如下：

```
setTimeout(function () {
    option = {...};
    myChart.on('updateAxisPointer', function (event) {...});
    myChart.setOption(option);
});
```

其中，option代码实现多条折线图和饼图的初始效果，饼图初始显示2017年的数据，代码如下：

```
1.  var option = {
2.      title: {text:'2017—2022年各种品牌空调销量统计',left:'center'},
3.      legend: {left: 'center',top: '46%'},
```

笔记：每年的销量占比情况可以通过饼图直观查看，折线图中 tooltip 可以不显示内容，showContent 设为 false。

笔记：数据以 dataset 方式加载。

笔记：yAxis 设置 min、max 参数，以数据最小值、最大值作为 y 轴刻度，grid 设置折线图网格的定位，相距顶端 55% 的距离，即在下方显示。

笔记：series 中的 5 条折线使用 seriesLayoutBy 映射数据，映射了 dataset 中的 row，即 x 轴类目为年份数据，y 轴值为销量数据。series 最后一个系列为饼图，设置了 id，方便后面鼠标事件函数调用，通过 encode 指定 2017 年的销量数据为初始数据。

```
4.      tooltip: {
5.          trigger: 'axis',
6.          showContent: false
7.      },
8.      dataset: {
9.          source: [
10.             ['空调','2017','2018','2019','2020','2021', '2022'],
11.             ['格力', 83795,96966,101029,103947,102579, 115578],
12.             ['海尔', 71547,78316,81308,80537,81942,84446],
13.             ['美的', 69548,74637,84962,87646,97878,94005],
14.             ['海信', 59504,62292,71535,72472,70272,81512],
15.             ['志高', 36222,43557,44145,40028,41757,48037]
16.         ]
17.     },
18.     xAxis: {name:'年',type: 'category'},
19.     yAxis: {name:'销量/台',min:'dataMin', max:'dataMax'},
20.     grid: {top: '55%'},
21.     series: [
22.         {type: 'line', smooth: true, seriesLayoutBy: 'row'},
23.         {type: 'line', smooth: true, seriesLayoutBy: 'row'},
24.         {type: 'line', smooth: true, seriesLayoutBy: 'row'},
25.         {type: 'line', smooth: true, seriesLayoutBy: 'row'},
26.         {type: 'line', smooth: true, seriesLayoutBy: 'row'},
27.         {
28.             type: 'pie',
29.             id: 'pie',
30.             radius: '27%',
31.             center: ['50%', '27%'],
32.             label: {
33.                 formatter: '{b}: {@2017} ({d}%)'
34.             },
35.             encode: {
36.                 itemName: '空调',
37.                 value: '2017',
38.                 tooltip: '2017'
39.             }
40.         }
41.     ]
42. };
```

接下来是实现联动效果的事件函数，代码如下：

```
1.  myChart.on('updateAxisPointer', function (event) {
2.      var xAxisInfo = event.axesInfo[0];
3.      if (xAxisInfo) {
4.          var dimension = xAxisInfo.value + 1;
```

```
5.        myChart.setOption({
6.            series: {
7.                id: 'pie',
8.                label: {
9.                    formatter:'{b}:{@['+dimension+']}({d}%)'
10.               },
11.               encode: {
12.                   value: dimension,
13.                   tooltip: dimension
14.               }
15.           }
16.       });
17.   }
18. });
```

笔记：对 myChart 执行鼠标监控事件函数，实现联动图，一旦鼠标移入 x 轴，获取轴信息，得到鼠标所在轴的维度值（x 轴索引编号加 1），就重设 myChart 的 option 饼图部分，根据维度值引用 dataset 中的某列数据，展示对应年份的销量数据，从而实现饼图数据的更新。

2. 浏览网页，检验效果

代码运行结果如图3-4-1所示。

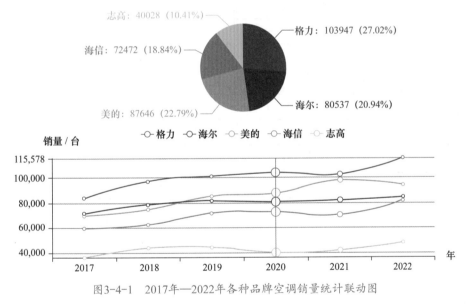

图3-4-1　2017年—2022年各种品牌空调销量统计联动图

图3-4-1中，下方为多条折线图，显示了各种空调品牌各个年份的销量发展趋势，当鼠标移入折线图时，上方将显示鼠标所在年份的各品牌销量占比数据，达到了联动的效果。

拓展任务

创建"'双十一'电器促销数据"数字大屏

某网上商城主要经营电器产品。"双十一"活动期间，商家加大了广告宣传和优惠返利活动力度，"双十一"当天的销量大增，一天的成交额就达到了1.58亿元。该网上商城对一些主要指标进行统计，相关数据见表3-5-1～表3-5-4。

表3-5-1　单日订单量分时段统计

时　　段	订 单 量	时　　段	订 单 量
0时	1042	12时	5652
1时	867	13时	7387
2时	354	14时	9873
3时	256	15时	4548
4时	458	16时	3387
5时	682	17时	2562
6时	869	18时	2881
7时	2587	19时	3920
8时	4765	20时	5932
9时	2753	21时	3869
10时	4543	22时	2617
11时	4693	23时	1558

表3-5-2　单日销售数量前十家电品牌名单

家 电 品 牌	销 售 量	家 电 品 牌	销 售 量
格力空调	7762	容声冰箱	3783
海尔洗衣机	6293	西门子冰箱	3375
美的空调	5649	美的纯水机	3258
小米液晶电视	4749	科沃斯扫拖机	2851
TCL液晶电视	3863	小天鹅洗烘机	2764

表3-5-3　单日购买量城市分布

城　　市	购 买 量	城　　市	购 买 量
上海	10321	成都	4554
深圳	7896	重庆	3354
广州	7041	武汉	2724
北京	6348	合肥	1675
杭州	4769	其他城市	29373

表3-5-4　单日购买渠道分布统计

购 买 渠 道	购 买 量
网站	17645
App	38653
公众号	6985
视频链接	14772

利用表3-5-1至表3-5-4数据绘制数字大屏，包括购买量城市分布饼图、购买渠道分

布饼图、订单量分时段统计折线图、家电品牌销售榜单前十条形图。数字大屏效果如图3-5-1所示。

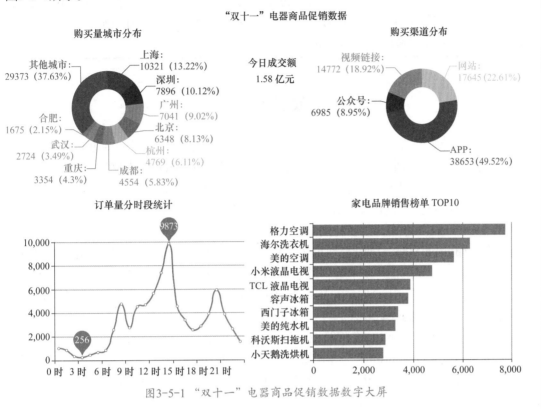

图3-5-1 "双十一"电器商品促销数据数字大屏

项目分析报告

　　本项目主要针对电视机、风扇、空调等电器产品的销量情况，使用ECharts高级技术进行绘图分析。首先对液晶电视近几年网络销售各种渠道的销量进行了统计，渠道包括自媒体、搜索引擎、视频广告、APP广告。通过加载JSON数据文件绘制多条折线图可知：自媒体渠道销量逐年上升；搜索引擎渠道销量在2020年居首；视频广告渠道销量近几年变化不大，处于中下水平；APP广告渠道销量则相对较低。接着使用玫瑰图绘制了各种品牌风扇销量情况，其中美的、海尔、美菱等品牌销量相对较高。接下来使用Dashboard数字大屏展示某平台2020年电器产品网络销售各个方面的统计情况：通过各月销量可知11月达到销售高峰，超过销量平均线的月份分别是1月、5月、6月、10月、11月；通过各个季度销售利润饼图可见第2、第4季度利润较高；通过客户年龄分布环图可见25～40岁年龄段的客户最多；通过支付方式玫瑰图可知支付宝、微信支付合计占比超过了80%；通过优惠券间隔不同天数使用量折线图可知，间隔3天的使用量最高；通过电器产品搜索频率最高的品牌词云图可知，美的、小米、海尔、TCL、海信等品牌名列前茅。最后针对近6年主要品牌空调的销售数据，使用折线图联动饼图方式创建图表，通过图表发现，2017年—2022年格力、海尔、美的、海信、志高空调销量呈现小幅上升趋势，其中2020年、2021年部分品牌销量略有回落，2019年美的销量超过了海尔，而格力空调销量各年一直稳居榜首。

　　通过各种图表特别是数字大屏进行可视化展示，可以使统计分析结果更加生动形象，帮助我们更好地了解电器产品市场的现状和发展趋势，了解消费者对电器产品的需求和行为特点，为电器产品的研发和销售提供有益的参考和指导。

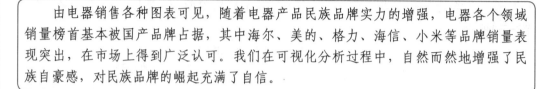

　　由电器销售各种图表可见，随着电器产品民族品牌实力的增强，电器各个领域销量榜首基本被国产品牌占据，其中海尔、美的、格力、海信、小米等品牌销量表现突出，在市场上得到广泛认可。我们在可视化分析过程中，自然而然地增强了民族自豪感，对民族品牌的崛起充满了自信。

项目小结 ↘

　　本项目针对电器产品销售数据，利用ECharts进阶绘图，包括一些更高级的操作：异步数据加载、数据集管理、视觉通道、定位和布局、Dashboard大屏等。

　　本项目首先介绍了异步数据加载，读者需要了解一些基本概念，理解异步加载的作用，会使用异步加载方式加载外部数据来绘图。接着介绍了ECharts一种新的数据管理方式——Dataset方式，读者特别要掌握配合encode参数来指定数据。还学习了视觉通道技术，如visualMap，可以呈现更多、更丰富的数据维度信息。通过本项目的学习，读者能够运用定位和布局技术绘制数字大屏，以及使用自动布局技术使图表适应不同终端。在联动图的绘制中，难点在于如何让图表联动起来，读者需要深刻理解事件函数，并可以拓展绘制其他联动效果。

　　本项目介绍了ECharts进阶绘图，涉及一些ECharts高级操作，参数设置较多，一些技术还结合了JavaScript事件和函数，难度有所增加。读者一方面要弄清楚这些高级操作的参数，弄清层次结构，另一方面要理解JavaScript事件和函数的功能，只有这样才能灵活运用，有效完成图表的绘制。

巩固强化 ↗

1. 什么是异步数据加载？如何加载？
2. 如何使用数据集管理？使用它，有何好处？
3. 什么是视觉通道？其应用场合有哪些？
4. 定位和布局技术有哪些？如何自适应布局？
5. 什么是Dashboard？绘制Dashboard的关键技术有哪些？
6. 联动图有哪些效果？绘制联动图会用到哪些方法？

## 第 3 篇

动态数据可视化技术

项目4 高校招生就业数据分析与可视化

项目概述

招生、就业一直是高校的两项重要工作。招生涉及生源质量、录取分数、招生数量等指标，关系到高校的发展和生存。就业涉及就业率、就业岗位、就业质量等指标，关系到高校的声誉和竞争力。高校应该积极关注招生、就业指标，做好数据分析，提高招生质量和就业率。

本项目采集了某高职院校的招生、就业数据。高职院校通过对招生数据的分析，了解不同专业的招生情况、招生分布、招生难易度等信息，从而更好地制订招生计划，提高招生效率。高职院校通过对历年毕业生就业数据的分析，了解不同专业的就业情况、就业分布、就业难易度等信息，从而更好地调整专业设置、优化课程设置，提高毕业生就业率。

本项目将使用Flask+ECharts技术完成数据分析与可视化，分为如下任务：学生管理基础网页制作，招生数据增删改查操作，志愿填报简单系统开发，专业招生录取人数走势分析，学生在本省就业地域分布图绘制，学生就业三维图绘制，新生本省生源分布地图绘制等。读者通过完成这些任务，掌握Flask路由操作、Flask请求数据、Flask操作数据库、Flask发送数据到Web前端，并能够分别使用Jinja、Ajax获取数据，调用ECharts将后台传送的动态数据绘制成各种图表。

学习目标

- 培养严谨认真的态度、养成规范编程的习惯。
- 增强数据安全意识，增强遵纪守法、敬业意识。
- 培养信息检索能力。
- 了解Flask路由的概念。
- 理解Flask模板渲染。
- 掌握Flask请求数据方法。
- 能够使用Flask操作数据库，对数据库进行增删改查。
- 能够使用Flask根据需求处理数据并发送到Web前端。
- 能够使用Jinja获取后台数据。
- 能够使用ECharts将获取的数据绘制成图表。

思维导图

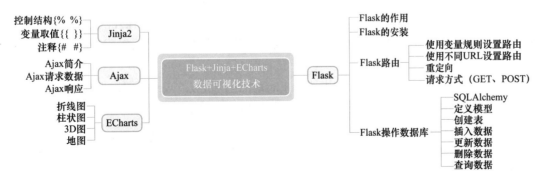

任务1　使用Flask制作学生管理基础网页

任务描述

现在需要使用Python开发一个简单的学生管理网站，当使用浏览器访问网站的根"/"时指向index.html主页，当访问"/register"时指向register.html，当访问"/manage"时指向manage.html。

当使用浏览器访问"/login?name=admin"时，页面对name为admin的所有数据（用户ID、性别、年龄、签名、兴趣）进行对应渲染。

当我们使用浏览器访问"/index?name=user"时，页面对name为user的所有数据（用户ID、性别、年龄、签名、兴趣）进行对应渲染。

用户数据如下：

```
map = {
    "admin": {
        "userid": "1",
        "gender": "男",
        "age": "28",
        "introduce": "生命不止，奋斗不息",
        "power": "我是管理员，可以管理所有页面。"
    },
    "user": {
        "userid": "2",
        "gender": "女",
        "age": "20",
        "introduce": "相信自己，一定能成功",
        "power": "我是普通用户，可以查阅信息和留言。"
    }
}
```

任务分析

本任务主要使用Python的轻量级Web应用框架Flask来开发学生管理基础网页。要完成本任务，读者需要安装Flask开发环境，掌握Flask路由设置、Flask渲染页面、重定向页面、地址栏数据的获取和处理，能够制作网页，并能够使用Jinja获取数据。

知识准备

1. Flask简介

Flask是一个基于Python开发并且依赖Jinja2模板和Werkzeug WSGI服务的一个微型框架。其用于接收HTTP请求并对请求进行预处理，然后触发Flask框架，完成相应功能。

Django是重量级的Web框架；Flask虽是轻量级的Web框架，但功能却并不弱，性能上基本满足一般Web开发的需求，并且在灵活性以及可扩展性上要优于其他Web框架，对各种数据库的管理也非常方便。

Flask的主要功能是在程序里将一个函数分配给一个URL，每当用户访问这个URL

时，系统就会执行给该URL分配好的函数，获取函数的返回值并将其显示到浏览器上，其工作过程如图4-1-1所示。

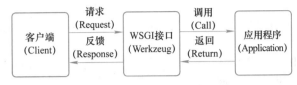

图4-1-1 Flask框架工作过程

2．Flask开发环境的安装和使用

（1）Flask的安装

1）安装Flask的命令：

pip install flask

2）如果想指定Flask的版本，那么就要使用以下命令：

pip install flask==版本

3）如果想升级Flask的版本，那么可以使用以下命令：

pip install --upgrade flask==版本

（2）Flask的简单使用

新建一个Python脚本，使用Flask实现页面访问，命名为app1.py，代码如下：

```
1.    from flask import Flask  # 导入flask的Flask类
2.
3.    app=Flask(__name__)  # 使用Flask类创建app实例
4.    @app.route('/index')  # 装饰器，用于设置路由，当访问index路径时执行Hello_world()函数
5.    def Hello_world():  # 定义Hello_world()函数
6.        return 'Hello,World!'  # 向Web客户端返回字符串
7.
8.
9.    if __name__=='__main__':  # 程序入口
10.       app.run(host='127.0.0.1', port=5000)  # 运行该app实例，指定主机地址和端口
```

打开浏览器，在地址栏输入http://127.0.0.1:5000/index 访问，可以看到"Hello, World!"字符串。

3．Flask路由功能

Flask路由就是对一个函数的映射，通过不同路径实现对不同网页的访问。Flask框架会根据HTTP请求的URL，在路由表当中，匹配预定义的URL规则，找到对应的函数，并将函数的执行结果返回Web服务器网关接口。

（1）使用Flask的变量规则定制相应的路由

Flask的变量规则就是将路由URL中的一部分使用一个变量代替，通过访问地址获取变量的值，再传递到Flask进行处理。下面新建一个Python脚本app2.py，用它进行演示，代码如下：

```
1.    from flask import Flask  # 导入flask的Flask类
2.    app = Flask(__name__)  # 使用Flask类创建app实例
3.
4.    @app.route("/userByName/<string:name>")  # 设置路由，其中<string:name>表示该位置的实
                           际路径将赋值给name变量
```

```
5.   def user_name(name):    # 定义user_name函数，并将name变量作为形参传递到函数中去
6.       return "用户名为%s"%name
7.
8.   @app.route("/userById/<int:id>")  # 设置路由，其中<int:id>表示该位置的实际路径将赋值
                                                     给id变量
9.   def user_id(id):    # 定义user_id函数，并将id变量作为形参传递到函数中去
10.      return "用户ID为%d" %id
11.
12.  if __name__ == '__main__':
13.      app.run(host="0.0.0.0",port=8080)  # 运行该app实例，指定访问的主机地址和端口，
                                                  # "0.0.0.0"表示任意有效地址。
```

可以分别访问http://127.0.0.1:8080/userByName/tom和http://127.0.0.1:8080/ userById/10验证效果。

浏览器访问http://127.0.0.1:8080/userByName/tom，显示"用户名为tom"；浏览器访问http://127.0.0.1:8080/userById/10，显示"用户ID为10"。

（2）使用不同的URL访问不同页面

通过定义不同的URL路径访问不同的页面。下面新建Python 脚本app3.py，定义3个不同的URL路径，分别实现不同信息的显示。

定义一个路由，URL 为/login，当访问/login时，浏览器显示"登录页面"。

定义一个路由，URL 为/register，当访问/register时，浏览器显示"注册页面"。

定义一个路由，URL 为/logout，当访问/logout时，浏览器显示"注销页面"。

新建app3.py，代码如下：

```
1.   from flask import Flask  # 导入flask的Flask类
2.   app = Flask(__name__)  # 使用Flask类创建app实例
3.
4.   @app.route("/login")  # 设置路由，路径为"/login"
5.   def login():
6.       return "登录页面"
7.
8.   @app.route("/register")  # 设置路由，路径为"register"
9.   def regis():
10.      return "注册页面"
11.
12.  @app.route("/logout")  # 设置路由，路径为"logout"
13.  def logout():
14.      return "注销页面"
15.
16.  if __name__ == '__main__':  # 程序入口，执行本程序时
17.      app.run(host="127.0.0.1",port=5000)  # 运行该app实例，指定访问主机地址和端口
```

（3）使用Flask的URL构建网页重定向

Flask的URL构建就是使用url_for() 函数动态获取路由中配置的URL，redirect可以实现网页重定向。下面新建Python脚本app4.py，定义3个不同的路由，分别实现不同信息的显示。

定义一个这样的路由，当访问/admin时，浏览器显示"管理员：Admin"。

定义一个这样的路由，当访问/guest/alice时，浏览器显示"游客：alice"。当访问

/guest/iris时，浏览器显示"游客：iris"。

定义一个这样的路由，当访问/user/admin时，页面重定向到/admin；当访问/user/xxx，页面重定向到/guest/xxx（这里xxx表示任意字符串）。

新建app4.py，代码如下：

```
1.   from flask import Flask, redirect, url_for  # 导入flask的Flask类，redirect和url_for方法
2.
3.   app = Flask(__name__)  # 使用Flask类创建app实例
4.   @app.route("/admin")  # 设置路由，路径为"/admin"
5.   def use_admin():  # 定义函数
6.       return "管理员：Admin"  # 返回字符串
7.   @app.route("/guest/<gue>")  # 设置路由，路径为"/guest/<gue>"，gue为变量，将获得实际
                                 # 路径
8.   def guest(gue):  # 定义函数
9.       return "游客：%s" %gue  # 返回字符串及获取的变量值
10.  @app.route("/user/<name>")  # 设置路由，路径为"/user/<name>"，name为变量，将获得实
                                 # 际路径
11.  def user(name):  # 定义函数
12.      if name == "admin":  # 判断name值
13.          return redirect(url_for("use_admin"))  #重定向到use_admin()函数
14.      else:
15.          return redirect(url_for("guest",gue = name))  #重定向到guest(gue)函数
16.
17.  if __name__ == '__main__':  # 程序入口，执行本程序时
18.      app.run(host="127.0.0.1", port=5000)  # 运行该app实例，指定访问主机地址和端口
```

当访问http://127.0.0.1:5000/admin时，显示"管理员：Admin"；当访问http://127.0.0.1:5000/guest/tom时，显示"游客：tom"；当访问http://127.0.0.1:5000/user/admin时，重定向并显示"管理员：Admin"，当访问http://127.0.0.1:5000/user/tom时，重定向并显示"游客：tom"。

任务实施

本任务主要分成两部分进行开发：一部分是Flask后端程序，实现路由跳转和数据发送的功能；另一部分是前端的网页制作。

本任务需要搭建一个基本的Flask结构，目录结构如图4-1-2所示。

static目录：存放静态资源文件，例如CSS、Java Script、图片、map3.等。

templates目录：存放Jinja2模板页面，也就是HTML。

app.py：Flask后端处理和启动程序。

图4-1-2　Flask目录结构

1. 编写后端程序

后端程序大概包括如下步骤：

1）导入相关包和依赖。

2）配置路由，实现不同页面的跳转。

3）创建用户字典数据。

4）获取网址参数并取得变量，得到用户数据，在通过模板渲染跳转页面时携带参数到前端网页中去。

5）创建启动代码。

代码如下：

```
1.  # 1)导包
2.  from flask import Flask, render_template, request  # 导入flask的Flask类，render_template\
                                                        # request方法
3.
4.  app = Flask(__name__)  # 创建 app
5.  # 2)配置路由，实现不同页面的跳转
6.  @app.route("/")
7.  def index():
8.      return render_template("index.html")
9.  @app.route("/register")
10. def register():
11.     return render_template("register.html")
12. @app.route("/manage")
13. def manage():
14.     return render_template("manage.html")
15. # 3)创建用户字典数据
16. map = {
17.     "admin": {
18.         "userid": "1",
19.         "gender": "男",
20.         "age": "28",
21.         "introduce": "生命不止，奋斗不息",
22.         "power": "我是管理员，可以管理所有页面。"
23.     },
24.     "user": {
25.         "userid": "2",
26.         "gender": "女",
27.         "age": "20",
28.         "introduce": "相信自己，一定能成功",
29.         "power": "我是普通用户，可以查阅信息和留言。"
30.     }
31. }
32. # 4)获取网址参数并取得变量，得到用户数据，在通过模板渲染跳转页面时携带参数到前
        # 端网页中去；
33. @app.route("/login")
34. def login():
35.     category = request.args.get("name")  #获取访问网址中的参数
36.     map_ = map[category]  # 根据用户类别参数得到相关数据
37.     id_ = map_['userid']
38.     sex_ = map_['gender']
39.     age_ = map_['age']
40.     introduce_ = map_['introduce']
41.     power_ = map_['power']
```

```
42.    return render_template("login.html", id=id_, gender=gender_, age=age_, introduce=introduce_,
       power= power_)  #模板渲染，跳转网页时传递参数
43.
44. # 5)创建启动代码
45. if __name__ == '__main__':
46.    app.run(host="127.0.0.1", port=5000)
```

2. 编写前端网页

前端网页包括4个页面，网页代码分别如下：

（1）index.html

```
1.  <!DOCTYPE html>
2.  <html lang="zh-Hans">
3.  <head>
4.    <meta charset="UTF-8">
5.    <title>学生管理首页</title>
6.  </head>
7.  <body>
8.  <h2>欢迎访问学生数据管理网站</h2>
9.  <hr align="left" width="50%">
10. <h3>在该网站，你可以查询学生基本信息！</h3>
11. </body>
12. </html>
```

（2）register.html

```
1.  <!DOCTYPE html>
2.  <html lang="zh-Hans">
3.  <head>
4.    <meta charset="UTF-8">
5.    <title>注册页面</title>
6.  </head>
7.  <body>
8.  <h3>用户注册</h3>
9.  用户：<input type="text" name="username"><br/>
10. 密码：<input type="password" name="userpwd"><br/>
11. <input type="submit" value="提交" name="sub">
12. <input type="reset" value="重置" name="res">
13. </body>
14. </html>
```

（3）manage.html

```
1.  <!DOCTYPE html>
2.  <html lang="en">
3.  <head>
4.    <meta charset="UTF-8">
5.    <title>管理页面</title>
6.  </head>
7.  <body>
8.  <h2>学生信息管理</h2>
9.  <hr align="left" width="50%">
10. <h3>查看数据 | 上传数据 | 修改数据 | 删除数据</h3>
11. </body>
12. </html>
```

（4）login.html

本页面使用Jinja2获取后端传给前端的数据，{{变量}}表示使用两对大括号获取变量的值，这个变量即后端Flask渲染模板时传递的参数。网页代码如下：

```html
1.  <!DOCTYPE HTML>
2.  <html lang="zh-Hans">
3.  <head>
4.      <meta charset="utf-8">
5.      <title>登录页面</title>
6.  </head>
7.  <body>
8.  <div id="wrapper">
9.      <article id="about-me" class="panel ">
10.        <div class="content">
11.            <div class="inner">
12.                <header>
13.                    <h2>用户介绍</h2>
14.                </header>
15.                <p>
16.                    <strong>ID：</strong>{{id}}<br>
17.                    <strong>性别：</strong>{{gender}}<br>
18.                    <strong>年龄：</strong>{{age}}<br>
19.                    <strong>签名：</strong>{{introduce}}<br>
20.                    <strong>权限：</strong>{{power}}<br>
21.                    <del></del>
22.                </p>
23.            </div>
24.        </div>
25.    </article>
26. </div>
27. </body>
28. </html>
```

3. 验证

1）通过浏览器直接访问站点http://127.0.0.1:5000/，显示学生管理首页，如图4-1-3所示。

2）通过浏览器访问http://127.0.0.1:5000/register，显示注册页面，如图4-1-4所示。

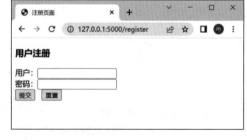

图4-1-3　首页　　　　　　　　　　　　图4-1-4　注册页面

3）通过浏览器访问http://127.0.0.1:5000/manage，显示管理页面，如图4-1-5所示。

4）通过浏览器访问http://127.0.0.1:5000/login?name=admin，显示管理员账户信息，如图4-1-6所示。

5）通过浏览器访问http://127.0.0.1:5000/login?name=user，显示普通用户账户信息，如图4-1-7所示。

图4-1-5　管理页面

图4-1-6　管理员登录页面

图4-1-7　普通用户登录页面

任务2　招生数据增删改查操作

任务描述

为了方便查询学校各二级学院历年招生数据，需要将招生数据保存在数据库中。二级学院包括机械学院、电气学院、汽车学院、信息学院、经贸学院，需要存储它们的数据到MySQL数据库中，并使用Flask实现查询、新增、删除、修改等操作，实现招生数据的对比和管理。

任务分析

本任务主要使用Flask管理高校招生数据，需要用到Flask的SQLAlchemy。本任务的操作包括连接数据库、创建模型与表的映射、向数据库添加数据、根据条件向数据库更新数据、根据条件删除数据等。

知识准备

1. Flask SQLAlchemy

Flask中的SQLAlchemy就是一个ORM框架，它依赖于pymysql，使用对象关系映射对数据库进行操作。ORM全称Object Relational Mapping，中文意为对象关系映射。其实它的本质就是模型对象，把数据库的信息映射成一个个对象来操作，而不需要写SQL语句，简单来说就是面向对象编程。

要使用Flask SQLAlchemy管理数据库，需要安装一些相应的依赖库，包括mysqlclient、flask_sqlalchemy、flask-mysqldb、pymysql。通过Flask SQLAlchemy创建模型类，与数据库中的表关联，并利用该模型类完成数据的增删改查。

2. Flask SQLAlchemy数据库基本操作

（1）Flask连接数据库

下列代码可连接本机MySQL的test数据库，假设用户名为root，密码为123456。

```
app = Flask(__name__)
app.config['SQLALCHEMY_DATABASE_URI']= 'mysql://root:123456@127. 0.0.1:3306/test'
```

先使用Flask创建app实例，再设置数据库连接的协议和路径。如果每次请求结束后都需要自动提交数据库中的改动，则使用下列语句：

```
app.config['SQLALCHEMY_COMMIT_ON_TEARDOWN'] = True
app.config['SQLALCHEMY_TRACK_MODIFICATIONS'] = True
```

（2）创建模型类，关联数据库中的表

如要关联数据库中的users表，代码如下：

```
db = SQLAlchemy(app)
class User(db.Model):
    __tablename__ = 'users'
    id = db.Column(db.Integer, primary_key=True)
    name = db.Column(db.String(64), unique=True, index=True)
    email = db.Column(db.String(64),unique=True)
    pswd = db.Column(db.String(64))
    role_id = db.Column(db.Integer)
```

先使用SQLAlchemy加载app并创建db实例，再创建模型类，关联数据库中的表users，id、name、email、pswd、role_id分别对应users表的字段，db.Column表示列名，db.Integer表示该字段为整型数据，db.String表示该字段为字符串数据。这些字段需要设置一个主键。

（3）创建/删除表

创建表需要先创建表模型类，再执行db.create_all()命令，表示创建模型类对应的表。可以在执行创建表命令之前，使用db.drop_all()删除所有的表。

（4）插入数据

要插入一条数据，可用模型类User创建实例（对应一条记录），加载列属性，再将该实例加入session事务，执行该事务，代码如下：

```
us1 = User(name='tom',email='tom@163.com',pswd='123456',role_id=1)
db.session.add(us1)
db.session.commit()
```

要一次插入多条数据，则可先创建多个实例，再添加所有实例到session事务，执行该事务，代码如下：

```
us2 = User(name='mary',email='mary@189.com',pswd='201512',role_id=1)
us3 = User(name='chen',email='chen@126.com',pswd='987654',role_id=2)
```

```
us4 = User(name='zhou',email='zhou@163.com',pswd='456789',role_id=2)
db.session.add_all([us2,us3,us4])
db.session.commit()
```

（5）查询数据

通过模型类的query方法可以实现数据查询。

1）filter_by精确查询。如要查询名称为chen的所有记录信息，代码如下：

```
User.query.filter_by(name='chen').all()
```

其中all()返回查询到的所有对象，可以使用first()返回查询到的第一个对象。

2）filter模糊查询。如要返回名字结尾字符为n的所有数据，代码如下：

```
User.query.filter(User.name.endswith('n')).all()
```

3）get()查询。通过get()，将其参数设置为主键，可以得到主键对应的记录。如果主键不存在，则没有返回内容。

```
User.query.get(1)可以查询主键值为1的记录。
```

4）逻辑条件查询。

① 使用逻辑非条件查询，返回名字不等于"zhou"的所有数据，代码如下：

```
User.query.filter(User.name!='zhou').all()
```

② 使用逻辑与条件查询，需要导入and_依赖，返回and()条件满足的所有数据，代码如下：

```
from sqlalchemy import and_
User.query.filter(and_(User.name!='chen',User.email.endswith('163.com'))).all()
```

③ 使用逻辑或条件查询，需要导入or_依赖，返回or()条件满足其一的所有数据，代码如下：

```
from sqlalchemy import or_
User.query.filter(or_(User.name!=' chen',User.email.endswith('163.com'))).all()
```

（6）删除数据

一般会结合条件查询进行数据删除。如要删除User表的第一条数据，可执行下面命令：

```
user = User.query.first()
db.session.delete(user)
db.session.commit()
```

最后可以使用User.query.all()查询所有数据，检验是否删除了第一条记录。

（7）更新数据

更新数据一般也会结合条件进行更新。如要将第一条记录的姓名修改为"dong"，先查询出第一条记录，修改name列值，再执行事务，代码如下：

```
user = User.query.first()
user.name = 'dong'
db.session.commit()
```

最后可以使用User.query.first()检验是否修改成功。

3. Flask SQLAlchemy字段类型

SQLAlchemy字段类型跟Python数据类型、MySQL字段类型相近，包括各种整型、浮点数、字符串、布尔值、日期等数据类型，但具体名称有区别。表4-2-1罗列了常用的SQLAlchemy字段类型，以及对应Python中的数据类型，方便比较。

表4-2-1　常用的SQLAlchemy字段类型

类 型 名	Python中类型	说　明
Integer	int	普通整数，一般是32位
SmallInteger	int	取值范围小的整数，一般是16位
BigInteger	int或long	不限制精度的整数
Float	float	浮点数
Numeric	decimal.Decimal	普通整数，一般是32位
String	str	变长字符串
Text	str	变长字符串，对较长或不限长度的字符串做了优化
Unicode	unicode	变长Unicode字符串
UnicodeText	unicode	变长Unicode字符串，对较长或不限长度的字符串做了优化
Boolean	bool	布尔值
Date	datetime.date	时间
Time	datetime.datetime	日期和时间
LargeBinary	str	二进制文件

表4-2-2罗列了常用的SQLAlchemy列选项，这些列选项用于在模型类创建时指定列字段相关属性。

表4-2-2　常用的SQLAlchemy列选项

选 项 名	说　明
primary_key	如果为True，代表该列是表的主键
unique	如果为True，代表这列不允许出现重复的值
index	如果为True，为这列创建索引，提高查询效率
nullable	如果为True，允许有空值；如果为False，不允许有空值
default	为这列定义默认值

表4-2-3罗列了常用的SQLAlchemy关系选项，这些关系选项用于在模型类创建时指定列字段与其他表模型列字段之间的关系。

表4-2-3　SQLAlchemy关系选项

选 项 名	说　明
backref	在关系的另一模型中添加反向引用
primary join	明确指定两个模型之间使用的联结条件
uselist	如果为False，则不使用列表，而使用标量值
order_by	指定关系中记录的排序方式
secondary	指定多对多中记录的排序方式
secondary join	在SQLAlchemy中无法自行决定时，指定多对多关系中的二级联结条件

任务实施

本任务主要使用Flask操作MySQL数据库，创建表，将某高职院校2015年—2022年招生数据插入表，对数据进行查询、修改、删除等操作，并完成Web页面数据展示。

1. 创建表

提前在MySQL数据库中创建名为"enroll"的数据库。创建如下Python程序，实现

MySQL数据库中表的创建。

```
1.  # coding:utf-8
2.  from flask import Flask,render_template
3.  from flask_sqlalchemy import SQLAlchemy
4.
5.  app = Flask(__name__)  # 创建app实例
6.  # 设置数据库连接 用户为root   密码为123456   连接地址为127.0.0.1   数据库为enroll
7.  app.config['SQLALCHEMY_DATABASE_URI'] = 'mysql://root:123456@127.0.0.1:3306/enroll'
8.  # 自动提交数据库中的改动
9.  app.config['SQLALCHEMY_COMMIT_ON_TEARDOWN'] = True
10. app.config['SQLALCHEMY_TRACK_MODIFICATIONS'] = True
11.
12. db = SQLAlchemy(app)  # 创建操作数据库的db对象
13. # 创建表模型类
14. class EnrollNum(db.Model):
15.     __tablename__ = 'enrollnum'  # 映射到数据库中的表
16.     # 以下映射到表中的字段
17.     year = db.Column(db.String(8), primary_key=True)
18.     mechanics = db.Column(db.Integer)
19.     electric = db.Column(db.Integer)
20.     automotive = db.Column(db.Integer)
21.     information = db.Column(db.Integer)
22.     economy = db.Column(db.Integer)
23.
24. if __name__ == '__main__':
25.     # 删除原有数据库表
26.     db.drop_all()
27.     # 根据模型类创建表
28.     db.create_all()
```

执行上述程序后，进入MySQL中enroll数据库，可以看到已经存在enrollnum表。

2. 插入数据

创建一个函数add_tb_data()，用模型类创建8个实例，插入8条记录。

```
1.  # 插入数据
2.  def add_tb_data():
3.      data1 = EnrollNum(year='2015', mechanics=957, electric=845, automotive=886,information=
        745, economy=497)
4.      data2 = EnrollNum(year='2016', mechanics=1023, electric=912, automotive=987,information=
        738, economy=540)
5.      data3 = EnrollNum(year='2017', mechanics=967, electric=1018, automotive=905,information=
        756, economy=554)
6.      data4 = EnrollNum(year='2018', mechanics=964, electric=1048, automotive=854,information=
        765, economy=619)
7.      data5 = EnrollNum(year='2019', mechanics=903, electric=1025, automotive=812,information=
        804, economy=706)
8.      data6 = EnrollNum(year='2020', mechanics=852, electric=1054, automotive=754,information=
        856, economy=784)
```

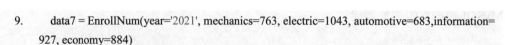

```
9.      data7 = EnrollNum(year='2021', mechanics=763, electric=1043, automotive=683,information=
        927, economy=884)
10.     data8 = EnrollNum(year='2022', mechanics=685, electric=1075, automotive=603,information=
        990, economy=947)
11.     db.session.add_all([data1, data2, data3, data4, data5, data6, data7, data8])
12.     db.session.commit()
13.
14.  if __name__ == '__main__':
15.     # 删除原有数据库表
16.     # db.drop_all()
17.     # 根据模型类创建表
18.     # db.create_all()
19.     # 向表中添加数据
20.     add_tb_data()
```

执行上述程序后，查看MySQL中enrollnum表，可以发现已经有数据了。

如果招生统计数据在CSV或在Excel文档中，如何使用Flask将数据读出并插入MySQL的表中去?

提示：可以使用Pandas从CSV或Excel文档中读出数据到DataFrame，然后将每行数据的每列值作为参数传递到模型类实例中去，再执行插入操作。

3. 更新数据

一般会根据条件查询出数据，再重设新值，最后更新到数据库中。下面创建update_Data()函数，用于更新数据。

```
1.  # 更新数据
2.  def update_Data():
3.      dt=EnrollNum.query.filter(EnrollNum.year=='2015').first()
4.      dt.electric=895
5.      dt.automotive=906
6.      db.session.commit()
7.
8.  if __name__ == '__main__':
9.      # 删除原有数据库表
10.     # db.drop_all()
11.     # 根据模型类创建表
12.     # db.create_all()
13.     # 向表中添加数据
14.     # add_tb_data()
15.     # 根据条件更新数据
16.     update_Data()
```

执行上述程序后，查看MySQL中enrollnum表，可以发现2015年招生数据已被更新。

4. 删除数据

一般会根据条件查询出数据，删除满足条件的数据。下面创建del_data()函数，用于删除数据。

```
1.   # 删除数据
2.   from operator import or_
3.   def del_data():
4.       # 将机械学院招生数(mechanics)大于1000，或者经贸学院招生数(economy)小于500的记
            # 录删除。
5.       de_res=EnrollNum.query.filter(or_(EnrollNum.mechanics>1000,EnrollNum.economy<500)).
     delete()
6.       db.session.commit()
7.
8.   if __name__ == '__main__':
9.       # 删除原有数据库表
10.      # db.drop_all()
11.      # 根据模型类创建表
12.      # db.create_all()
13.      # 向表中添加数据
14.      # add_tb_data()
15.      # 根据条件更新数据
16.      # update_Data()
17.      # 根据条件删除数据
18.      del_data()
```

执行上述程序后，查看MySQL中enrollnum表，可以发现年份为2015年、2016年的两条记录已经被删除。

5. 查询数据并通过Web页面展示

查询出所有数据，通过渲染模板将数据传递到网页中去。网页通过Jinja语句获取后端传递过来的数据。

```
1.   # 查询数据，并推送数据到Web页面
2.   @app.route("/")
3.   def select_all():
4.       all_data=EnrollNum.query.all()
5.       return render_template("index.html",data_list = all_data)
6.
7.   if __name__ == '__main__':
8.       # 删除原有数据库表
9.       # db.drop_all()
10.      # 根据模型类创建表
11.      # db.create_all()
12.      # 向表中添加数据
13.      # add_tb_data()
14.      # 根据条件更新数据
15.      # update_Data()
16.      # 根据条件删除数据
17.      # del_data()
18.      # 运行Flask，浏览Web页面
19.      app.run(host='127.0.0.1',port=5000)
```

在Flask工程中创建名为"templates"的文件夹，在该文件夹下创建index.html网页，内容如下：

```
1.    <!DOCTYPE HTML>
2.    <html lang="en">
3.    <head>
4.       <meta charset="UTF-8">
5.       <title>招生数据展示</title>
6.    </head>
7.    <body>
8.    <h1>显示数据</h1>
9.       <table width="800" cellpadding="5" align="center" border="1" cellspacing="0">
10.         <th align="center" colspan="7">高校近年各二级学院招生数据统计</th>
11.         <tr>
12.            <td>年份</td>
13.            <td>机械学院</td>
14.            <td>电气学院</td>
15.            <td>汽车学院</td>
16.            <td>信息学院</td>
17.            <td>经贸学院</td>
18.         </tr>
19.         {% for item in data_list %}
20.         <tr>
21.            <td>{{item.year}}</td>
22.            <td>{{item.mechanics}}</td>
23.            <td>{{item.electric}}</td>
24.            <td>{{item.automotive}}</td>
25.            <td>{{item.information}}</td>
26.            <td>{{item.economy}}</td>
27.         </tr>
28.         {% endfor %}
29.      </table>
30.   </body>
31.   </html>
```

通过浏览器访问Web服务，招生数据展示结果如图4-2-1所示。

图4-2-1　招生数据展示结果

任务3　**志愿填报和各专业招生录取人数分析**

任务描述

为了方便学生填报志愿，需要开发一个Web系统。该系统可以让各地学生选择专业，并进行填报。学生上报数据后，高校可以查看各学生志愿填报情况。如果数据有误，可以重新编辑，也可以删除。高校对各专业录取人数进行统计分析，绘制各专业录取人数分布图。

任务分析

本任务主要使用Flask结合Web技术，开发一个志愿填报系统，实现数据的增删改查。首次运行时向数据库中创建表；访问根站点时进入首页，展示学生志愿填报的汇总数据。单击"志愿填报：填写专业志愿"，转入志愿填报信息页面，可以输入省份、地级市、毕业学校，以及第一、第二、第三志愿，插入记录到数据库中，并返回志愿信息展示页面；在首页选择某条记录加以编辑，进入编辑页面，修改数据并提交后，完成记录的修改，并返回展示页面；在首页选择某条记录加以删除，则可以从数据库中删除相应记录信息。单击"各专业录取分析"，可以查看各专业计划录取与实际录取人数对比图。

知识准备

1. FlaskHTTP请求数据操作

Flask路由默认只响应GET请求，也就是从URL地址中获取参数，参数通过URL地址传递。GET请求参数会被完整地保留在浏览器历史记录里。如果要传递大量参数，或者参数的内容较长，且要求不暴露在URL上，则会选择POST请求数据。Flask可以在装饰器app.route中传递methods参数来改变请求方式，代码如下：

```
@app.route('/login',methods=['GET','POST'])
```

这里定义路由时，指定了HTTP请求的两种方式，即GET和POST方式，意味着可以通过这两种方式来获取数据。POST是通过request body传递参数的，能够支持多种编码方式，传送参数长度没有限制，比GET方式更安全。选择GET方式请求数据，可以使用request.args.get()获取参数，参数来自于URL。选择POST方式请求数据，可以使用request.form访问params参数集中各参数的值，参数来自于表单。

2. Flask SQLAlchemy表查询

数据库表查询是最常见的操作。数据库中保存的数据，一般会被查询出来，根据相关要求进行统计分析。常用的Flask SQLAlchemy查询执行器见表4-3-1。

表4-3-1 Flask SQLAlchemy查询执行器

执 行 器	说 明
all()	以列表形式返回查询的所有结果
first()	返回查询的第一个结果，如果未查到，则返回None
first_or_404()	返回查询的第一个结果，如果未查到，则返回404
get()	返回指定主键对应的行，如不存在，则返回None
get_or_404()	返回指定主键对应的行，如不存在，则返回404
count()	返回查询结果的数量
paginate()	返回一个Paginate对象，它包含指定范围内的结果

这些执行器一般位于查询语句的最后，起到最终执行相关查询操作的作用。除了查询执行器外，还有查询过滤器，过滤器起到条件筛选、限制、偏移、分组、排序等作

用。常用的Flask SQLAlchemy查询过滤器见表4-3-2。

表4-3-2　Flask SQLAlchemy查询过滤器

过　滤　器	说　　明
filter()	把过滤器添加到原查询上，返回一个新查询
filter_by()	把等值过滤器添加到原查询上，返回一个新查询
limit	使用指定的值限定原查询返回的结果
offset()	偏移原查询返回的结果，返回一个新查询
order_by()	根据指定条件对原查询结果排序，返回一个新查询
group_by()	根据指定条件对原查询结果分组，返回一个新查询

在使用查询语句时，有两种方法：一种是使用表模型类名进行查询，一种是使用db.session进行查询。

（1）使用表模型类名查询

下面举例说明，User为表模型类名，代码如下：

```
# 获取第一行数据
result = User.query.first()
# 精确获取某一行数据
result = User.query.get(2)
# 获取多行数据
result = User.query.all()
# filter_by条件查询，查询出User表姓名为"zhangsan"的记录
result = User.query.filter_by(name=" zhangsan ").all()
# filter_by多条件查询，filter_by里的条件是"且"的关系
result = User.query.filter_by(name=" zhangsan ", passward=123).first()
# filter多条件查询，filter里的条件是"且"的关系
result = User.query.filter(User.name=="lisi", User.role_id==1).first()
# filter多条件查询，filter里的条件是"或"的关系（需先引入or_函数）
result = User.query.filter(or_(User.name=="lisi", User.passward==123)).all()
# 偏移查询，向后偏移两条记录
result = User.query.offset(2).first()
# 排序，返回正序，默认正序，asc()为正序排列
result = User.query.order_by(User.id.asc()).all()
# 排序，返回倒序，desc()为倒序排列
result = User.query.order_by(User.id.desc()).all()
```

其中，条件查询既可以使用filter_by()，也可以使用filter()。filter_by()和filter()的主要区别见表4-3-3。

表4-3-3　filter_by()和filter()的主要区别

模　块	语　法	>（大于）和<（小于）查询	and_和or_查询
filter_by()	直接用属性名，比较用=	不支持	不支持
filter()	用类名.属性名，比较用==	支持	支持

（2）使用db.session查询

```
# 获取User表第一行数据
result = db.session.query(User).first()
# 精确获取某一行数据
result = db.session.query(User).get(2)
# 获取多行数据
```

```
result = db.session.query(User).all()
# 查询年龄大于30的用户的信息
result=db.session.query(User).filter(User.age > 30).all()
# 查询年龄大于30并且id大于1的用户的信息
result=db.session.query(User).filter(User.age > 30, id>1).all()
# 查询年龄大于30或者id为1的用户的信息
result=db.session.query(User).filter(or_( User.id == 1, User.age > 30)).all()
# 模糊查询：查询 email 中包含 "w"的用户的信息
result=db.session.query(User).filter(User.email.like('%w%'))
# 查询 id 在 [2,4] 列表中的用户的信息
result=db.session.query(User).filter(User.id.in_([2, 4])).all()
# 查询User中年龄在40~50的用户的信息
result= db.session.query(User).filter(User.age.between(40,50)).all()
```

如果对某个字段使用count()、sum()、max()、min()、avg()等函数进行统计，则需要导入sqlalchemy的func模块：from sqlalchemy import func。使用方式为func.count(字段名)，示例如下：

```
# 根据指定条件分组，并统计个数
result=db.session.query(User.role_id, func.count(User.role_id)).group_by(User. role_id).all()
```

3. Jinja2基本语法

当后台把参数传递到模板时，Web页面可以使用Jinja2获取数据。Jinja2是基于Python的模板引擎，是Flask开发的一个模板系统。它起初是仿Django模板的一个模板引擎，为Flask提供模板支持，由于其灵活、快速和安全等优点而被广泛使用。Jinja2的语法并不复杂，下面简单进行介绍。

（1）变量

对于后台传递过来的参数，在网页中使用{{变量名}}来获取参数的值，{{ }}是一种特殊的占位符，是打印语句的一部分。在进行渲染的时候，参数值会填充或替换这些特殊的占位符。变量类型支持Python的所有数据类型。

后端Python程序：

```
1.    @app.route("/")
2.    def test():
3.        return render_template("test.html",name='Zhangsan',age=30,score=90, u={'name':'Lisi','age':40}, u_list=['Wangwu',35], users=[['Zhao',79],['Wu',84],['Wei',75]])
```

Web页面test.html脚本：

```
1.    <!DOCTYPE HTML>
2.    <html lang="en">
3.    <head>
4.        <meta charset="UTF-8">
5.        <title>测试Jinja</title>
6.    </head>
7.    <body>
8.        <p>This is {{name}}, He is {{age}} years old.</p>
9.        <p>This is {{u['name']}}, He is {{u['age']}} years old.</p>
10.       <p>This is {{u_list[0]}}, He is {{u_list[1]+10}} years old.</p>
11.   </body>
12.   </html>
```

从上方代码可见，{{}}可以支持字符串变量、整型变量、字典、列表等数据类型，也支持基本的加减乘除和逻辑运算。

变量可以通过"过滤器"进行修改，过滤器可以理解为Jinja2里面的内置函数和字符串处理函数。常用的过滤器有：

safe：渲染时值不转义。

capitialize：把值的首字母转换成大写，其他字母转换为小写。

lower：把值转换成小写形式。

upper：把值转换成大写形式。

title：把值中每个单词的首字母都转换成大写。

trim：把值的首尾空格去掉。

striptags：渲染之前把值中所有的HTML标签都删掉。

join：拼接多个值为字符串。

replace：替换字符串的值。

round：默认对数字进行四舍五入，也可以用参数来控制。

int：把值转换成整型。

要使用过滤器，只需要在变量后面使用"|"分割，可以链式调用多个过滤器，前一个过滤器的输出会作为后一个过滤器的输入。示例如下：

```
{{ 'mary' | capitialize }}
```

显示结果为Mary。

```
{{ "hello world" | replace('world','Xiaoming') | upper }}
```

显示结果为HELLO XIAOMING。

（2）if条件控制结构

条件语句需要放在{% %}之间，使用"if statement"语句，条件嵌套可以使用if…elif…else结构，末尾必须有结束的标签{% endif %}。示例如下：

```
1.    <body>
2.        {% if score>=90 %} <p>优秀</p>
3.        {% elif score>=75 %} <p>良好</p>
4.        {% elif score>=60 %} <p>及格</p>
5.        {% else %} <p>不及格</p>
6.        {% endif %}
7.    </body>
```

传递过来的score参数值为90，网页端将显示"优秀"字样，源代码显示"<p>优秀</p>"。

（3）for循环控制结构

for循环语句同样需要放在{% %}之间，使用"for statement"语句，如"for i in users"，末尾必须有结束的标签{% endfor %}。示例如下：

```
1.    <body>
2.        {% for item in users %}
3.        <p>{{item[0]}}的分数是{{item[1]}}。</p>
4.        {% endfor %}
5.    </body>
```

运行后，将获取users列表中的数据，网页显示结果为：

Zhao的分数是79。

Wu的分数是84。

Wei的分数是75。

任务实施

本任务主要利用Flask结合Web技术，开发简单的志愿填报系统。要求使用Flask创建数据库，编辑后台数据，通过Web页面实现学生志愿填报数据的增删改查，最后汇总志愿录取数据，使用折线图展示各专业计划录取与实际录取人数对比情况。

1. 创建表

提前在MySQL数据库中创建specialty数据库。创建Flask工程，工程结构图如图4-3-1所示。

图4-3-1　工程结构图

在工程中创建Python程序，实现MySQL数据库中表的创建。代码如下：

```
1.   from flask import Flask,render_template,request,redirect
2.   from flask_sqlalchemy import SQLAlchemy
3.
4.   app = Flask(__name__)
5.   db = SQLAlchemy(app)
6.
7.   #设置数据库连接
8.   app.config['SQLALCHEMY_DATABASE_URI'] = 'mysql://root:123456@127.0.0.1:3306/specialty'
9.   # 自动提交数据库中的改动
10.  app.config['SQLALCHEMY_COMMIT_ON_TEARDOWN'] = True
11.  app.config['SQLALCHEMY_TRACK_MODIFICATIONS'] = True
12.  #定义表模型
13.  class Voluntary(db.Model):
14.      # 定义表模型对应的列名称
15.      id = db.Column(db.Integer,primary_key=True,autoincrement=True) #编号
16.      province = db.Column(db.String(255))  # 所在省份
17.      city = db.Column(db.String(255))  # 所在城市
18.      name=db.Column(db.String(255))  #学生姓名
19.      school=db.Column(db.String(255))  # 毕业学校
20.      first= db.Column(db.String(255))  # 第一志愿
21.      second=db.Column(db.String(255))  # 第二志愿
22.      third=db.Column(db.String(255))  # 第三志愿
23.
24.  if __name__ == "__main__":
25.      db.drop_all()
26.      db.create_all()
```

2. 展示数据

首先在后台查询出所有数据，通过路由，在访问根站点时跳转到主页，将数据传递到页面，代码如下：

```
1.    #查询所有记录
2.    @app.route("/")
3.    def selectAll():
4.        VoluntaryList = Voluntary.query.order_by(Voluntary.id.desc()).all()
5.        return render_template("index.html",voluntary_list = VoluntaryList)
6.
7.    if __name__ == "__main__":
8.        # db.drop_all()
9.        # db.create_all()
10.       app.run(debug = True,host='127.0.0.1',port=8080)
```

前端展示页面index.html，使用Jinja2获取后端传递过来的数据，逐条显示到表格当中。代码如下：

```
1.    <!DOCTYPE HTML>
2.    <html lang="en">
3.    <head>
4.        <meta charset="UTF-8">
5.        <title>首页</title>
6.    </head>
7.    <body>
8.        <div align="center">
9.            <br>【链接】
10.           <a href="insert_page">志愿填报：填写专业志愿</a>
11.           <br>
12.           <br>
13.           <table width="900" cellpadding="5" align="center" border="1" cellspacing="0">
14.               <th align="center" colspan="8">学生志愿填报信息汇总</th>
15.               <tr>
16.                   <td>省份(直辖市)</td>
17.                   <td>地级市</td>
18.                   <td>姓名</td>
19.                   <td>毕业学校</td>
20.                   <td>第一志愿</td>
21.                   <td>第二志愿</td>
22.                   <td>第三志愿</td>
23.                   <td>操作</td>
24.               </tr>
25.               {% for item in voluntary_list %}
26.               <tr>
27.                   <td>{{item.province}}</td>
28.                   <td>{{item.city}}</td>
29.                   <td>{{item.name}}</td>
30.                   <td>{{item.school}}</td>
31.                   <td>{{item.first}}</td>
```

```
32.              <td>{{item.second}}</td>
33.              <td>{{item.third}}</td>
34.              <td><a href='/alter?id={{item.id}}&province={{item.province}}&city={{item.city}}&
name={{item.name}}&school={{item.school}}&first={{item.first}}&second={{item.second}}&
third={{item.third}}'>编辑</a>
35.                <a href="/delete?id={{ item.id }}">删除</a> </td>
36.          </tr>
37.          {% endfor %}
38.        </table>
39.        <br/>【链接】
40.        <a href="show"">各二级学院专业填报走势分析</a>
41.        <br/>
42.      </div>
43.  </body>
44. </html>
```

志愿填报展示页面如图4-3-2所示。

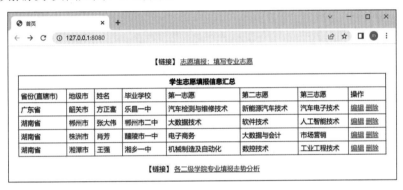

图4-3-2   志愿填报展示页面

3. 插入数据

在首页单击"志愿填报:填写专业志愿",跳转到填报信息页面(insert.html),该页面通过表单上报省份、地级市、姓名、毕业学校、第一志愿、第二志愿、第三志愿等信息,提交后信息被插入数据库中,插入成功后返回数据展示页面。insert.html代码如下:

```
1.  <!DOCTYPE HTML>
2.  <html lang="en">
3.  <head>
4.      <meta charset="UTF-8">
5.      <title>增加</title>
6.  </head>
7.  <body>
8.  <div>
9.      <div>
10.      <br/><br/>
11.      <h1>上报信息</h1>
12.  <br/><br/>
```

```
13.    <form action="insert" method="post">
14.       <div>
15.          <label>省份</label>
16.          <div>
17.             <input type="text" name="province" placeholder="请输入所在省份" autocomplete="off">
18.          </div>
19.       </div>
20.       <div>
21.          <label>地级市</label>
22.          <div>
23.             <input type="text" name="city" placeholder="请输入所在城市" autocomplete="off">
24.          </div>
25.       </div>
26.       <div>
27.          <label>姓名</label>
28.          <div>
29.             <input type="text" name="name" placeholder="请输入姓名" autocomplete="off">
30.          </div>
31.       </div>
32.       <div>
33.          <label>学校</label>
34.          <div>
35.             <input type="text" name="school" placeholder="请输入毕业学校" autocomplete="off">
36.          </div>
37.       </div>
38.       <div>
39.          <label>第一志愿</label>
40.          <div>
41.             <input type="text" name="first" placeholder="请输入第一志愿" autocomplete="off">
42.          </div>
43.       </div>
44.       <div>
45.          <label>第二志愿</label>
46.          <div>
47.             <input type="text" name="second" placeholder="请输入第二志愿" autocomplete="off">
48.          </div>
49.       </div>
50.       <div>
51.          <label>第三志愿</label>
52.          <div>
53.             <input type="text" name="third" placeholder="请输入第三志愿" autocomplete="off">
54.          </div>
55.       </div>
56.       <div>
57.          <div>
58.             <button>立即提交</button>
59.             <button type="reset" >重置</button>
60.          </div>
```

```
61.        </div>
62.      </form>
63.    </div>
64.  </div>
65.  </body>
66.  </html>
```

表单提交时，会触发"/insert"路由，由后端获取表单数据，创建表模型类对象，再插入数据库。后端代码如下：

```
1.  #跳转至上报信息页面
2.  @app.route("/insert_page")
3.  def insert_page():
4.    return render_template("insert.html")
5.
6.  #添加数据
7.  @app.route('/insert',methods=['GET','POST'])
8.  def insert():
9.    # 进行添加操作，在insert页面输入数据，单击"立即提交"按钮后，会执行该函数
10.   # 分别获取insert页面表单中的数据
11.   province = request.form['province']
12.   city = request.form['city']
13.   name=request.form['name']
14.   school=request.form['school']
15.   first = request.form['first']
16.   second=request.form['second']
17.   third=request.form['third']
18.   student = Voluntary(province=province,city=city,name=name,school=school,first=first,second=
      second,third=third)
19.   db.session.add(student)
20.   db.session.commit()
21.   #添加完成，重定向至主页
22.   return redirect('/')
```

4.　删除数据

在志愿填报展示页面单击"删除"按钮，会触发"/delete"路由，并携带当前记录的id参数。后端获得该id，查询出该id对应的记录，再执行删除操作，代码如下：

```
1.  #删除数据
2.  @app.route("/delete",methods=['GET'])
3.  def delete():
4.    # 获取当前要删除的记录id，根据id查询到相应记录，执行删除操作
5.    id = request.args.get("id")
6.    student = Voluntary.query.filter_by(id=id).first()
7.    db.session.delete(student)
8.    db.session.commit()
9.    return redirect('/')
```

5.　修改数据

如果数据有误，可以针对相应记录进行修改。在志愿填报展示页面，针对有误的记录单击"编辑"按钮，则触发"/alter"路由，并携带该记录相关参数，通过URL传递参

数。在后端，将判断是否通过"GET"方式请求数据。由于是通过URL传递参数，因此后端将通过GET方式获取相关参数，并在跳转至"alter.html"页面时传递该记录。后端代码如下：

```
1.   # 修改操作
2.   @app.route("/alter",methods=['GET','POST'])
3.   def alter():
4.       # 可以通过请求方式来改变处理该请求的具体操作
5.       # 比如用户访问/alter页面 如果通过GET请求则返回修改页面，如果通过POST请求则使
         # 用修改操作
6.       if request.method == 'GET':
7.           id = request.args.get("id")
8.           province = request.args.get("province")
9.           city = request.args.get("city")
10.          name = request.args.get("name")
11.          school=request.args.get("school")
12.          first = request.args.get("first")
13.          second = request.args.get("second")
14.          third = request.args.get("third")
15.          student = Voluntary(id = id,province=province,city=city,name=name,school=school,first=first,
         second=second,third=third)
16.          return render_template("alter.html",student = student)
17.      else:
18.          #接收参数，修改数据
19.          id = request.form["id"]
20.          province = request.form['province']
21.          city = request.form['city']
22.          name = request.form['name']
23.          school=request.form['school']
24.          first = request.form['first']
25.          second = request.form['second']
26.          third = request.form['third']
27.          student = Voluntary.query.filter_by(id = id).first()
28.          student.province = province
29.          student.city = city
30.          student.name=name
31.          student.school=school
32.          student.first = first
33.          student.second = second
34.          student.third = third
35.          db.session.commit()
36.          rn redirect('/')
```

修改信息页面alter.html将获取后台传递来的记录信息，通过Jinja2语句获取变量值，显示到文本输入框中，alter.html网页代码如下：

```
1.   <!DOCTYPE HTML>
2.   <html lang="en">
3.   <head>
4.     <meta charset="UTF-8">
```

```
5.    <title>修改</title>
6.    </head>
7.    <body>
8.    <div>
9.      <div>
10.      <br><br>
11.      <h1>修改信息</h1>
12.      <br><br>
13.      <form action="alter" method="post">
14.        <input type="hidden" name = 'id' value="{{student.id}}">
15.        <div>
16.          <label>省份</label>
17.          <div>
18.            <input type="text" name="province" placeholder="请输入所在省份"
      autocomplete="off" value="{{student.province}}">
19.          </div>
20.        </div>
21.        <div>
22.          <label>地级市</label>
23.          <div>
24.            <input type="text" name="city" placeholder="请输入所在城市名称" autocomplete=
      "off" value="{{student.city}}">
25.          </div>
26.        </div>
27.        <div>
28.          <label>姓名</label>
29.          <div>
30.            <input type="text" name="name" placeholder="请输入姓名" autocomplete="off"
      value="{{student.name}}">
31.          </div>
32.        </div>
33.        <div>
34.          <label>学校</label>
35.          <div>
36.            <input type="text" name="school" placeholder="请输入毕业学校" autocomplete=
      "off" value="{{student.school}}">
37.          </div>
38.        </div>
39.        <div>
40.          <label>第一志愿</label>
41.          <div>
42.            <input type="text" name="first" placeholder="请输入第一志愿" autocomplete="off"
      value="{{student.first}}">
43.          </div>
44.        </div>
45.        <div>
46.          <label>第二志愿</label>
47.          <div>
```

```
48.          <input type="text" name="second" placeholder="请输入第二志愿" autocomplete=
     "off" value="{{student.second}}">
49.        </div>
50.      </div>
51.      <div>
52.        <label>第三志愿</label>
53.        <div>
54.          <input type="text" name="third" placeholder="请输入第三志愿" autocomplete="off"
     value="{{student.third}}">
55.        </div>
56.      </div>
57.      <div>
58.        <div>
59.          <button>立即提交</button>
60.          <button type="reset">重置</button>
61.        </div>
62.      </div>
63.    </form>
64.  </div>
65. </div>
66. </body>
67. </html>
```

修改完信息后，单击"立即提交"按钮，执行表单提交，会再次触发"/alter"路由，后端判断为POST请求方式后，执行else分支代码，获取表单数据，再根据id查询出数据库中对应记录，将获取的新值赋予原记录，最后完成更新数据库操作。

6. 专业录取情况分析

高校根据学生填报的志愿以及分数排名录取学生，最后得到各专业的录取情况。通过与各专业招生计划相比较，高校可以得到计划录取和实际录取对比图。下面读取"各专业招生录取数.csv"，这个文件包含了各专业计划录取和实际录取数据，数据被转换为嵌套列表形式，发送到前端供绘制折线图。后端代码如下：

```
1.  # 绘制各专业招生计划录取和实际录取情况
2.  import pandas as pd
3.  df = pd.read_csv('static/各专业招生录取数.csv', encoding='GB18030', index_col=0)
4.  @app.route('/show')
5.  def echarts():
6.      data_list=[]
7.      for i in df.index:
8.          data_list.append(df.iloc[i].tolist())
9.      print(data_list)
10.     return render_template("show.html",datas=data_list)
```

专业录取情况展示页面为show.html，该网页使用ECharts绘制折线图，通过Jinja2获取数据，并在ECharts中使用dataset方式绘制图形。show.html网页代码如下：

```
1.  <!DOCTYPE HTML>
2.  <html>
3.  <head>
```

```
4.      <meta charset="utf-8">
5.      <title>各专业招生计划录取和实际录取情况</title>
6.      <!-- 引入 echarts.js -->
7.      <script src="../static/js/echarts.js"></script>
8.  </head>
9.  <body>
10.     <!-- 为ECharts准备一个具备大小（宽高）的DOM -->
11.     <div id="main" style="width: 1000px;height:480px;"></div>
12.     <script type="text/javascript">
13.         // 基于准备好的DOM，初始化ECharts实例
14.         var myChart = echarts.init(document.getElementById('main'));
15.         var option = {
16.             dataset: {
17.                 source: {{datas|safe}}  // 获取后台传递的datas参数，safe表示渲染时值
                                            // 不转义
18.             },
19.             title:{text:'各专业招生计划录取和实际录取情况',left:'center'},
20.             xAxis: {name: '专业',axisLabel:{rotate:40}, type: 'category', encode:{x:0}},
21.             tooltip:{trigger:'axis'},
22.             yAxis: {name: '录取人数', type: 'value'},
23.             legend:{top:'5%'},
24.             grid:{bottom:'18%'},
25.             toolbox: {
26.                 left: 'right',
27.                 feature: {
28.                     dataZoom: {}
29.                 }
30.             },
31.             series: [{
32.                 type: 'line',
33.                 name:'计划录取',
34.                 encode: {
35.                     // 映射"计划"列到第1个系列y轴
36.                     y: 1
37.                 }},
38.                 {
39.                 type: 'line',
40.                 name:'实际录取',
41.                 encode: {
42.                     // 映射"实际"列到第2个系列y轴
43.                     y: 2
44.                 }}
45.             ]
46.         };
47.         myChart.setOption(option);
48.     </script>
49. </body>
50. </html>
```

预览该页面，显示专业录取情况如图4-3-3所示。

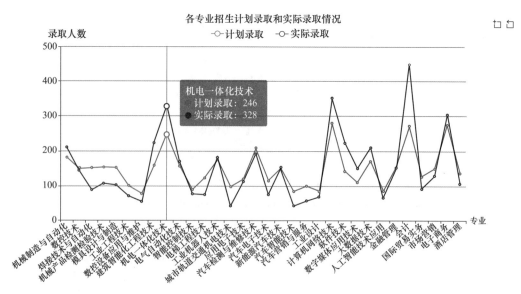

图4-3-3 各专业招生计划录取和实际录取情况对比图

由图4-3-3可知，一些专业如机电一体化技术、会计、计算机网络技术、软件技术、大数据技术等实际录取数大于计划数，而焊接技术与自动化、城市轨道交通机电技术、汽车智能技术等专业实际录取数小于计划数。由此可以分析出哪些专业受到学生青睐，也方便高校来年调整招生计划数。

任务4 学生就业数据分析

任务描述

为了直观地查看学生在本省就业方面的数据，需要对就业数据进行统计分析，绘制本省各地市就业分布图。为了更详细地了解不同月份就业分布情况，还需要绘制三维图形来展示和对比分析。

任务分析

本任务将使用Pandas、Flask、ECharts和Web技术，分别从CSV和JSON文件中读取数据，绘制某高职学院学生就业分布及走势图。

1）使用Pandas读取"学生就业本省分布情况.csv"文件，计算每个地市就业的总数，提取地区和就业总数数据，使用Flask模板渲染发送数据到Web前端，Web页面通过Jinja2获取数据，借助ECharts插件，绘制学生在本省各地市就业分布图。

2）使用Pandas读取"学生就业本省分布情况_3D数据.json"文件，提取地区、月份、就业数据，使用Flask模板渲染发送数据到Web前端，Web页面通过Jinja2获取数据，借助ECharts和三维图形插件，绘制学生就业在不同月份各地市分布的三维柱状图。

知识准备

1. JSON数据

JSON（JavaScript Object Notation）是一种轻量级数据交换格式，是Web应用中常见的一种数据格式。

JSON是一个序列化的对象或数组。它由一套标记符的序列组成，这套标记符包含6个构造字符（左右大括号、左右中括号、冒号、逗号）、对象、数组、字符串、数字和3个字面值（false、null、true）。下列数据都是合法的JSON实例：

{"one": 1, "two": [1, 2, 3]}

[2, 4, "8", {"a": 16}]

3.14

"json_text"

其中由大括号括起来，中间使用逗号分隔键值对组成的字符串是最常见的JSON数据，JSON数据基本形式如下：

```
{
    key1:value1,
    key2:value2,
    ...
}
```

Python中处理JSON数据的函数主要有json.dumps、json.dump、json.loads、json.load，下面分别进行介绍。

（1）json.dumps

json.dumps用于对数据进行编码，将Python中的字典数据转换为JSON字符串。示例如下：

```
1.    import json
2.    dic_data = {
3.        'name': 'Xiaohua',
4.        'age': 18,
5.        'score':
6.            {
7.                'math': 100,
8.                'chinese': 97
9.            }
10.   }
11.   print(type(dic_data))
12.   json_str = json.dumps(dic_data)
13.   print(json_str)
```

上述示例先定义了一个字典数据，再输出字典数据的类型，接着使用json.dumps方法将字典数据转换为JSON字符串，再输出JSON字符串的类型，运行后控制台输出结果如下：

<class 'dict'>

{"name": "Xiaohua", "age": 18, "score": {"math": 100, "chinese": 97}}

（2）json.dump

Json.dump用于将Python数据写入JSON文件中。示例如下：

```
1.    import json
2.    dic_data = {
3.        'name': 'Xiaohua',
4.        'age': 18,
```

```
5.     'score':
6.         {
7.             'math': 100,
8.             'chinese': 97
9.         }
10.    }
11.    with open("score.json",'w',encoding='utf-8') as f:
12.        json.dump(dic_data,f)
```

上述示例通过with open方法，创建文件score.json，再使用json.dump方法将字典数据dic_data写入该文件中。

运行后将产生JSON文件，score.json文件内容如下：

{"name": "Xiaohua", "age": 18, "score": {"math": 100, "chinese": 97}}

（3）json.loads

json.loads用于对数据进行解码，将JSON字符串转换为Python中的字典数据。示例如下：

```
1.    import json
2.    json_str='{"name": "Xiaohua", "age": 18, "score": {"math":100, "chinese":97}}'
3.    new_dic_data=json.loads(json_str)
4.    print(new_dic_data)
```

运行结果如下：

{'name': 'Xiaohua', 'age': 18, 'score': {'math': 100, 'chinese': 97}}

注意，原JSON字符串大括号里的键值对，字符串类型数据都是用" "号引起来的，而输出的字典数据则是用' '号引起来的。

（4）json.load

json.load用于打开JSON文件，并把字符串转换为Python的字典数据。示例如下：

```
1.    import json
2.    with open("score.json", 'r', encoding='utf-8') as f:
3.        json_input = json.load(f)
4.    print(json_input)
5.    print(type(json_input))
```

运行结果如下：

{'name': 'Xiaohua', 'age': 18, 'score': {'math': 100, 'chinese': 97}}
<class 'dict'>

可以看到从JSON文件中读取的数据也是字典类型的。

2. ECharts三维柱状图

三维图一般至少有3个方面的参数，形成3D立体结构。在绘制三维图时需要导入ECharts.js、ECharts-gl.js依赖包，在option参数设置中一般需要指定grid3D、xAxis3D、yAxis3D、zAxis3D等项目，在series中使用type指定三维图类型，如：

type：'bar3D' 表示三维柱状图。

type：'scatter3D' 表示三维散点图。

type：'line3D' 表示三维折线图。

type：'map3D' 表示三维地图。

下面演示一个最简单的三维结构框架图，网页代码如下：

```
1.   <html lang="en">
2.   <head>
3.      <meta charset="UTF-8">
4.      <title>绘制三维图轮廓</title>
5.      <script type="text/javascript" src="../static/js/echarts.min.js"></script>
6.      <script type="text/javascript" src="../static/js/echarts-gl.min.js"></script>
7.   </head>
8.   <body>
9.      // 创建DIV容器
10.     <div id="main" style="width: 600px;height:480px;"></div>
11.     <script type="text/javascript">
12.        // 基于准备好的DOM，初始化ECharts实例
13.        var myChart = echarts.init(document.getElementById('main'));
14.        // 指定图表的配置项和数据
15.        var option = {
16.           grid3D: {},
17.           xAxis3D: {},
18.           yAxis3D: {},
19.           zAxis3D: {}
20.        }
21.        myChart.setOption(option);
22.     </script>
23.  </body>
24.  </html>
```

上述代码先导入了echarts.min.js、echarts-gl.min.js 两个插件，再初始化ECharts实例，关联id为"main" 的DIV，配置option参数。option中列出了3D效果的一些参数，但没有设置具体的值。运行该网页代码，结果如图4-4-1所示。

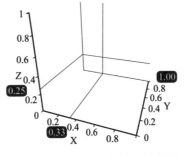

图4-4-1　ECharts三维结构框架图

任务实施

本任务分两部分完成，Python工程结构图如图4-4-2所示。

子任务1　绘制学生在本省就业的分布图

本任务主要读取学生就业数据文件，使用Flask、Jinja2和ECharts绘制学生在本省各地区的就业分布柱状图。

图4-4-2　Python工程结构图

1. 编写Python后端程序

（1）读取和处理数据

使用Pandas读取"学生就业本省分布情况.csv"数据，对不同地区各个月份的就业数据求和，提取地区、就业总数数据。

（2）创建路由

创建根站点路由，渲染模板时传递各地区名称和就业数据。

（3）创建app运行语句

执行app.run(debug=True,host='127.0.0.1',port=5000)，运行Web服务。其中debug设为True，表示增加调试功能，会自动检测源代码是否有变化，若有变化则自动重启程序。host表示绑定的IP地址，"127.0.0.1"表示使用本地IP访问，如果绑定"0.0.0.0"表示本机所有有效IP都可访问。port表示绑定的端口号。

后端app1.py代码如下：

```
1.    import pandas as pd
2.    from flask import Flask,render_template
3.
4.    app = Flask(__name__)
5.    # 读取数据，提取数据
6.    df = pd.read_csv('static/data/学生就业本省分布情况.csv', encoding='GB18030')
7.    df['总数']=df.sum(axis=1)
8.    city=list(df['地区'])
9.    total_num=list(df['总数'])
10.
11.   # 创建路由，渲染模板，传递参数
12.   @app.route('/')
13.   def echarts1():
14.       return render_template("echarts1.html",city=city,num=total_num)
15.
16.   # 运行Web服务
17.   if __name__ == '__main__':
18.       app.run(debug=True,host='127.0.0.1',port=5000)
```

2. 编写前端网页代码

前端ECharts1.html网页代码如下：

```
1.    <!DOCTYPE HTML>
2.    <html>
3.    <head>
4.        <meta charset="utf-8">
5.        <title>ECharts 实例</title>
6.        <!-- 引入 echarts.js -->
7.        <script src="../static/js/echarts.min.js"></script>
8.    </head>
9.    <body>
10.       <!-- 为ECharts准备一个具备大小（宽高）的DOM -->
11.       <div id="main" style="width: 800px;height:500px;"></div>
12.       <script type="text/javascript">
13.           // 基于准备好的DOM，初始化ECharts实例
14.           var myChart = echarts.init(document.getElementById('main'));
15.           var option = {
16.               title:{text:'某高职学院本省就业分布分析',left:'center'},
17.               grid:{bottom:'20%'},
18.               xAxis: {
19.                   name: '地区',
```

```
20.          type: 'category',
21.          axisLabel: {
22.              rotate:40, //字体倾斜度数
23.              interval: 0,//interval 是指间隔多少个类别画栅格,
24.              //为 0 时则每个数据都画,为 1 时间隔 1 个画,以此类推
25.              textStyle:{
26.                  color:"red", //字体颜色
27.                  fontSize:14   //字体大小
28.              }
29.          },
30.          data: {{city|safe}}
31.          },
32.          yAxis: {name: '就业人数', type: 'value'},
33.          series: [{
34.              type: 'bar',
35.              label:{show: true,position:'top'},
36.              data: {{num|safe}}
37.          }]
38.      };
39.      myChart.setOption(option);
40.      </script>
41.  </body>
42.  </html>
```

上述ECharts实例option参数中,xAxis设置了x轴地区名称,使用{{city|safe}}获取x轴参数,其中safe可以保证不转义;yAxis设置y轴数据类型,在series中使用{{num|safe}}获取y轴参数。

运行后端app1.py,浏览该Web站点,结果如图4-4-3所示。

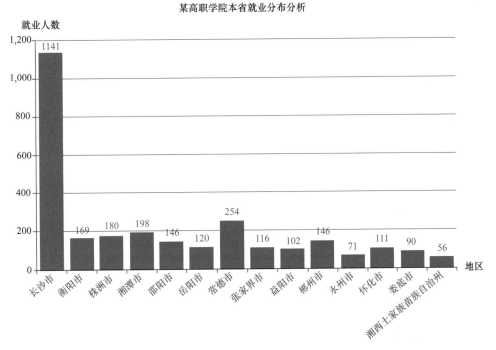

图4-4-3　某高职学院本省就业分布图

子任务2　绘制学生就业在不同月份各地区分布情况的三维图

本任务需要读取JSON数据，绘制三维柱状图，来查看学生在本省不同月份各地区的就业分布情况。

1. 编写Python后端程序

后端代码跟上一任务相近，包括：读取数据，提取参数，创建路由，创建执行程序。其中数据为JSON数据，形式如下：

{"data_jobs": [[0, 0, 45], …], "x_city": ["长沙市", …], "y_date": ["2020年9月",…]}

需要提取"city"一列数据作为ECharts图形的x轴参数，提取"date"一列数据作为图形的y轴参数，提取"jobs"列表数据作为图形的z轴参数。

后端app2.py代码如下：

```
1.   import json
2.   from flask import Flask,render_template
3.
4.   app = Flask(__name__)
5.
6.   with open("static/data/学生就业本省分布情况_3D数据.json", "r") as f:
7.       data = json.load(f)
8.   print(data)
9.   city = data["x_city"]
10.  date = data["y_date"]
11.  employ = data["data_jobs"]
12.
13.  @app.route('/')
14.  def echarts2():
15.      return render_template("echarts2.html",data_x=city,data_y=date,data_z=employ)
16.
17.
18.  if __name__ == '__main__':
19.      app.run(debug=True,host='127.0.0.1',port=5000)
```

2. 编写前端网页代码

前端echarts2.html网页脚本如下：

```
1.   <!DOCTYPE HTML>
2.   <html>
3.   <head>
4.       <meta charset="utf-8">
5.       <title>ECharts 实例</title>
6.       <!-- 引入 echarts.js -->
7.       <script src="../static/js/echarts.min.js"></script>
8.       <script src="../static/js/echarts-gl.min.js"></script>
9.   </head>
10.  <body>
11.      <!-- 为ECharts准备一个具备大小（宽高）的DOM -->
12.      <div id="main" style="width: 1000px;height:680px;"></div>
13.      <script type="text/javascript">
```

```
14.        // 基于准备好的DOM，初始化ECharts实例
15.        var myChart = echarts.init(document.getElementById('main'));
16.        var option = {
17.            title:{text:'某高职学院本省就业数据各月各地区分布分析',left:'center'},
18.            grid3D: {},
19.            tooltip: {},
20.            xAxis3D: {
21.                type: 'category',
22.                data:{{data_x|safe}}
23.            },
24.            yAxis3D: {
25.                name:'就业人数',  type: 'category',
26.                data:{{data_y|safe}}
27.            },
28.            zAxis3D: {
29.            },
30.            series: [
31.                {
32.                    type: 'bar3D',
33.                    // symbolSize: symbolSize,
34.                    shading: 'lambert',
35.                    data:{{data_z|safe}}
36.                }
37.            ]
38.        };
39.        myChart.setOption(option);
40.    </script>
41.  </body>
42. </html>
```

上述网页导入了三维插件echarts-gl.min.js，ECharts实例option参数中，增加了grid3D三维网格参数；xAxis3D设置了x轴城市名称，使用{{data_x|safe}}获取x轴参数；yAxis3D设置了y轴日期名称，使用{{data_y|safe}}获取y轴参数；zAxis3D通过series的{{data_z|safe}}获取z轴参数。

运行后端程序，浏览该Web站点，结果如图4-4-4所示。

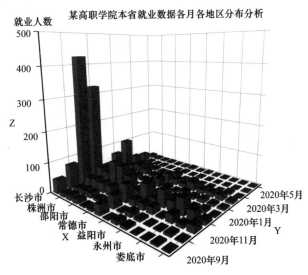

图4-4-4　某高职学院本省就业数据各月各地区分布三维图

在页面图形中，可以拖动鼠标左键旋转三维图形，实现从不同角度观测就业分布在各地区的情况。

任务5　新生生源地分布分析

任务描述

为了在地理位置上分析学校在本省各地区的招生数量，更加直观地查看新生生源空间分布，需要使用地图来展示本省生源录取分布情况。

任务分析

本任务将使用Flask、ECharts和Ajax技术，从MySQL数据库中读取数据，加载湖南省地图，绘制新生数量地理位置分布图。

知识准备

1. Ajax技术

之前的任务在网页端都是通过Jinja2获取后端数据的，本任务使用Ajax技术来获取后端的数据。

Ajax是一种在无须重新加载整个网页的情况下，能够更新部分网页的技术，可用于创建快速动态网页。通过在后台与服务器进行少量数据交换，Ajax可以使网页实现异步更新，这也意味着可以在不重新加载整个网页的情况下，实现对网页某部分的更新。传统的网页（不使用Ajax）如果需要更新内容，必须重载整个网页。

Ajax工作原理如图4-5-1所示。

图4-5-1　Ajax工作原理

使用Ajax异步请求服务器后端发送的数据，需要先导入jQuery插件，导入方法为<script src="jquery.min.js"></script>。jQuery是一个JavaScript函数库，是一个轻量级"写得少，做得多"的JavaScript库，可实现HTML元素选取、元素操作、CSS操作、事件函数、特效、动画等。jQuery提供多个与Ajax有关的方法。通过jQuery Ajax方法，能够使用HTTP GET和HTTP POST从服务器上请求文本、HTML、XML或JSON数据，同时能够把这些外部数据直接载入网页的被选元素中。

如果要异步请求Flask后端数据，并加载到网页当中，步骤如下：

1）后端设置路由，发送数据方式设为"GET"或"POST"，执行函数，返回序列化为JSON的数据。

```
1.   @app.route("/data", methods=['POST'])
2.   def data():
3.     return jsonify(data)
```

2）在网页端利用JQuery Ajax请求数据。

```
1.   <script type="text/javascript">
2.   $(document).ready(function(){
3.     $.ajax({
4.       type:"post",
5.       async:true,
6.       url:"/data",
7.       dataType:"json",
8.       success:function(result){ alert("请求数据成功!"); },
9.       error:function(errorMsg){ alert("请求数据失败!"); }
10.    });
11.  });
12.  </script>
```

$(document).ready(function(){});表示网页加载成功后立即执行function(){}函数，$即表示JQuery。在function(){}函数体内，执行JQuery的Ajax方法，发送数据请求，请求类型为POST方式；使用async（异步）方式请求；请求地址为/data，这里要匹配后端Flask路由的路径；数据类型为"json"类型；请求数据成功后执行success方法，得到数据，将数据放入result对象中，弹出成功提示框；请求数据失败后执行error方法，得到失败信息，弹出失败提示框。

请求数据成功后，在网页端可以使用console.log(result)打印数据，查看请求到的数据格式和内容。查看方法是在浏览器中打开"开发者模式"（按<F12>键），在控制台窗口查看。增加打印输出是一种有效的调试程序的方法。

2. ECharts地图

地图在描述地理位置分布状况时非常直观，所以要在不同地理位置上显示数据一般会用到地图。

要绘制矢量地图，首先要下载地图数据文件，有JS格式文件，也有JSON格式文件，包括中国地图、中国各省市地图、世界地图等。接下来需要引用地图数据文件，JS文件导入直接用<script src="china.js"></script>即可，JSON文件则使用$.get('china.json',(chinaJson)=>{ })。

如果是JS格式文件，一般可以直接在mapType中引用地图名称，例如中国地图的mapType名称为"china"，各省市地图的mapType名称为相应省市名称；如果是JSON格式文件，则需要注册地图的JSON数据，方法如下：

　　ECharts.registerMap('china', chinaJson);

本任务中将中国地图JSON数据注册为mapType: 'china'，在后面就可以引用china这一名称。

要使用地图，在ECharts option参数设置中有两种方法：一种是在series参数中，指定type为'map'，以及将mapType指定为地区或国家名称，示例如下：

```
1.   series: [{
2.     name: '总数',
3.     type: 'map',
4.     mapType: 'china',
```

```
5.      roam: true,          // 设置允许缩放以及拖动的效果
6.      label: {
7.         show: true,        // 展示标签
8.         color: '#F9F9F9'   // 设置标签文本颜色
9.      }
10. }]
```

另一种是在option中设置geo参数：type为'map'，map为地区或国家名称。示例如下：

```
1.  $.get('../static/map/china.json',(chinaJson)=>{
2.      ECharts.registerMap('china',chinaJson)
3.      let option = {
4.         geo: {
5.            type: 'map',
6.            map: 'china', //china需要和registerMap中的第一个参数一致
7.            roam: true, // 设置允许缩放以及拖动的效果
8.            label: {
9.               show: true  //展示标签
10.           },
11.           zoom: 1.2, //设置初始化的缩放比例
12.           center: [87.617733,43.792818] //设置地图中心点的坐标
13.        }
14.     }
15.     ECharts.setOption(option)
16. })
```

地图的数据源一般会使用字典数组形式，如下所示：

```
Data = [
     {name:'北京市',value:39.93},
     {name:'天津市',value:39.13},
     {name:'河北省',value:147},
     {name:'山西省',value:39},
     …

]
```

也可以使用嵌套数组形式，如下所示：

```
Data = [
     ['北京市',39.93],
     ['天津市',39.13],
     ['河北省',147],
     ['山西省',39],
     …

]
```

另外，创建地图时一般会设置相关参数，如使用roam: true来支持地图缩放效果，使用toolbox增加工具箱，使用visualMap增加视觉通道等。

任务实施

本任务需要读取某高职学院在本省各地区的招生录取数，将数据通过路由传递到Web前端，网页端使用jQuery Ajax方法获取数据，并通过ECharts地图展示出来，直观地在地理位置分布图中展示招生数据分布情况。

1. 编写Python后端程序

（1）关联数据库和表

使用Flask SQLAlchemy连接MySQL的students数据库，创建表模型，选择地区和招生数两列数据。代码如下：

```
1.   from flask import Flask,render_template,jsonify
2.   from flask_sqlalchemy import SQLAlchemy
3.
4.   app = Flask(__name__)
5.   db=SQLAlchemy(app)
6.   # 连接MySQL数据库
7.   app.config['SQLALCHEMY_DATABASE_URI']='mysql://root:123456@127.0.0.1:3306/
     students'
8.   # 设置每次请求结束后会自动提交数据库的改动
9.   app.config['SQLALCHEMY_COMMIT_ON_TEARDOWN'] = True
10.  app.config['SQLALCHEMY_TRACK_MODIFICATIONS'] = True
11.
12.
13.  class HN_Enroll(db.Model): # 创建表模型
14.    __tablename__='enroll' # 关联数据库中的表
15.    index=db.Column(db.Integer, primary_key=True)
16.    city = db.Column(db.String(255)) # 创建city列字段，对应各地区名称
17.    enroll_num = db.Column(db.Integer) # 创建enroll_num列字段，对应各地区招生数量
```

（2）创建路由

创建根站点路由，渲染模板时转向网页；创建异步请求数据的路由，执行函数，查询出所需数据，JSON化数据并返回前端页面。代码如下：

```
1.   @app.route('/') # 创建根站点路由
2.   def hunan():
3.     return render_template("hunan.html") # 渲染模板，转向hunan.html
4.
5.
6.   @app.route("/hunan_data", methods=['GET','POST']) # 创建发送数据的路由
7.   def hunandata():
8.     selectdata=HN_Enroll.query.all() # 查询出HN_Enroll对应表中所有数据
9.     data = []
10.    for row in selectdata: # 遍历每一行数据
11.      data.append([row.city, row.enroll_num]) # 提取地区、招生数两列数据
12.    return jsonify(data) # jsonify函数供用户JSON化数据
```

（3）创建app运行语句

```
1.   if __name__ == '__main__':
2.     app.run(debug=True,host='127.0.0.1',port=5000)
```

2. 编写前端网页脚本

前端网页创建ECharts地图主要包括下面几个步骤：引入JS文件；创建DIV容器；创建ECharts实例；创建jQuery Ajax方法请求数据；设置ECharts option参数，包括title、tooltip、legend、dataset、visualMap、toolbox、series等；ECharts实例关联option参数。整个网页脚本代码如下：

笔记：通过 jQuery Ajax 方法请求后端发送的 JSON 数据，数据以嵌套数组形式传递过来，请求成功后放入 result 参数中，并传入 option 的 dataset 中进行显示。

笔记：option 中使用了 visualMap 创建视觉通道，type 为 piecewise，表示创建的是分段类型的 visualMap，若 type 是 continuous，则为连续型 visualMap。pieces 参数数组中，每一部分对应一个数值分段区间，以不同颜色显示。

```html
1.  <!DOCTYPE HTML>
2.  <html>
3.  <head>
4.      <meta charset="utf-8">
5.      <title>ECharts 实例</title>
6.      <!-- 引入 echarts.js、jquery.min.js、hunan.js 文件-->
7.      <script src="../static/js/echarts.js"></script>
8.      <script src="../static/js/jquery.min.js"></script>
9.      <script src="../static/js/hunan.js"></script>
10. </head>
11. <body>
12. <!-- 为ECharts准备一个一定大小（宽高）的DIV -->
13. <div id="main" style="width: 900px;height:720px;"></div>
14. <script type="text/javascript">
15.     // 文档加载后,使用jQuery执行函数
16.     $(document).ready(function(){
17.         // 创建ECharts实例
18.         var myChart=echarts.init(document.getElementById('main'));
19.         // 执行jQuery Ajax方法，请求数据
20.         $.ajax({
21.             type:"post",
22.             async:true,
23.             url:"/hunan_data",
24.             dataType:"json",
25.             // 请求数据成功，得到result数据，执行函数
26.             success:function(result){
27.                 // 设置option参数
28.                 var option = {
29.                     title: {
30.                         text: '某高职院校新生本省生源地理分布',
31.                         left: 'center'
32.                     },
33.                     tooltip: {
34.                         trigger: 'item'
35.                     },
36.                     legend: {
37.                         orient: 'vertical',
38.                         left: 'left',
39.                         data: ['招生数']
40.                     },
41.                     dataset:{ //以数据集方式将异步获取的数据传递进来
42.                         source:result
43.                     },
44.                     visualMap: {  // 创建视觉通道
45.                         type: 'piecewise', //分段类型的，不同值对应不同的提示标签和颜色
46.                         pieces: [{
47.                             min: 500,
48.                             max: 800,
49.                             label: '招生数大于等于500人',
```

```
50.              color: '#b80909'
51.            },
52.            {
53.              min: 400,
54.              max: 499,
55.              label: '招生数在400~499',
56.              color: '#e64546'
57.            },
58.            {
59.              min: 300,
60.              max: 399,
61.              label: '招生数在300~399',
62.              color: '#f57567'
63.            },
64.            {
65.              min: 200,
66.              max: 299,
67.              label: '招生数在200~299',
68.              color: '#ff9985'
69.            },
70.            {
71.              min: 100,
72.              max: 199,
73.              label: '招生数在100~199',
74.              color: '#ffe5db'
75.            },
76.            {
77.              min: 0,
78.              max: 99,
79.              label: '招生数小于100',
80.              color: '#fef0eb'
81.            },
82.          ],
83.          color: ['#E0022B', '#E09107', '#A3E00B']
84.        },
85.        toolbox: {
86.          show: true,
87.          orient: 'vertical',
88.          left: 'right',
89.          top: 'center',
90.          feature: {
91.            mark: {
92.              show: false
93.            },
94.            dataView: {
95.              show: true,
96.              readOnly: false
```

```
97.                },
98.                restore: {
99.                    show: true
100.               },
101.               saveAsImage: {
102.                   show: true
103.               }
104.           }
105.       },
106.       series: [{
107.         name: '招生数',
108.         type: 'map', //指定为地图类型
109.         mapType: '湖南', //指定为湖南省地图
110.         roam: true, //可以缩放地图
111.         label: {
112.           show: true,
113.           color: '#F9F9F9'
114.         }
115.       }]
116.     };
117.     // ECharts实例关联设置的option参数
118.     myChart.setOption(option);
119.     },
120.     // 请求数据失败，执行函数
121.     error:function(errorMsg){
122.       //请求失败时执行弹窗方法
123.       alert("图表请求数据失败!");
124.     }
125.   });
126. });
127. </script>
128. </body>
129. </html>
```

查看程序运行结果，不同地区由于数值不同而颜色深浅不一样。左下角显示的是视觉通道，不同的颜色代表不同的数值区间，单击小方块可以关闭或打开相应地图区域。右侧显示了3个小工具，分别是"数据源""恢复""保存图片"3个按钮。

拓展任务

1. 绘制某高职院校生源地全国分布图

使用Flask+ECharts+Ajax，读取"生源地全国分布数据.csv"文件，绘制中国地图，显示某高职学院3个年级在全国各地生源的分布情况。

数据文件见表4-5-1。

表4-6-1　某高职院校生源地全国分布数据

序　号	地　区	招 生 数	序　号	地　区	招 生 数
0	湖南	11,461	9	河南	107
1	贵州	239	10	河北	95
2	广西壮族自治区	201	11	陕西	83
3	四川	154	12	青海	71
4	内蒙古自治区	134	13	云南	58
5	海南	128	14	安徽	47
6	湖北	143	15	甘肃	35
7	江西	131	16	重庆	23
8	广东	119	17	山西	11

主要步骤：

1）读入"生源地全国分布数据.csv"文件。

2）提取序号、地区、招生数共3列数据，将数据处理成地图所需要的格式。

3）使用Flask将数据渲染到网页。

4）在网页中用Ajax异步获取从Flask传过来的数据，再使用ECharts绘制中国地图。

2. 创建词云图分析各省份招生数量

使用Flask+ECharts+Ajax，读取"生源地全国分布数据.csv"文件，绘制词云图，以招生数作为频率大小，将各地区以词云方式展现出来。

1）读入"生源地全国分布数据.csv"文件。

2）提取序号、地区、招生数共3列数据，将数据处理成词云图所需要的格式。

3）使用Flask将数据渲染到网页。

4）在网页中用Ajax异步获取从Flask传过来的数据，再使用ECharts绘制词云图。

提示：创建词云图，需要导入echarts-wordcloud.js包。

项目分析报告 ▶

　　本项目主要对某高职院校招生、就业方面的数据进行统计分析。首先对学生志愿填报和各专业计划录取数和实际录取数通过折线图进行了对比分析，发现机电一体化技术、会计、计算机网络技术、软件技术、大数据技术等专业实际招生数超过计划数，说明这些专业比较热门。接着对就业数据进行了分析，从本省就业分布柱状图可以看出，省内就业主要分布在长沙，超过了1/3的人数，说明省会在容纳就业方面能力还是非常强的，其次是常德、湘潭、株洲等地，这些地区招生数量也是较多的。从本省就业数据各月分布三维图可以看出，除了主要分布在以上地区外，就业办理日期主要集中在10月、11月以及次年2月、3月，因为这是学校集中组织招聘活动的时期。最后对学生本省生源数据进行统计，绘制地图展示各地市的招生数量。

　　随着大数据技术的发展，高校校情分析和画像逐渐兴起。招生、就业方面的数据分析是校情分析的重要部分。通过对各专业招生数量分布、计划数与实际数对比、地域分布对比等做可视化分析，其结果可以为改进招生宣传重点区域、调整招生计划数、制定合理的招生政策等方面提供帮助；通过对各专业就业率、就业随日期变化情况、就业地域分布、专业对口率等做可视化分析，其结果可以为了解就业市场状况、预测未来就业趋势、深化学校与企业的联系等方面提供参考。

项目小结

本项目主要学习使用Python、Flask在后端处理招生、就业数据，将数据通过Flask路由传递到Web前端，网页前端使用Jinja2或jQuery Ajax获取数据，将获取的数据通过ECharts图表展现出来。

本项目系统讲解了Flask的使用，包括Flask路由、Flask表模型、渲染模板、SQLAlchemy操作数据库等，特别是SQLAlchemy查询语句的使用，还讲解了Jinja2的基本语法，Ajax异步获取数据的方法，也讲解了ECharts获取动态数据绘制折线图、柱状图、地图和三维图的方法。

本项目综合性较强，既有后端数据处理，也有前端网页制作、图表绘制，涉及jQuery、Ajax这些在计算机前端行业和市场中应用较多的技术，为读者学习和工作奠定坚实的基础。

巩固强化 ↗

1. 什么是Flask路由？什么是Flask模板渲染？Flask如何传递数据到Web页面？
2. 什么是Flask表模型？如何创建表模型类，将其映射到MySQL数据库中的表？
3. 什么是Jinja2？如何使用？
4. 什么是Ajax？如何使用jQuery Ajax异步获取数据？
5. 如何使用ECharts创建地图？

项目 5 招聘数据分析与可视化

项目概述

随着全球信息化进程的不断加快，信息产业的发展水平直接影响到了国家的综合实力。我国IT行业的发展越来越受到重视，我国目前正在大力推行国民经济与社会信息化建设，这无疑给IT行业的发展提供了巨大的需求和更广阔的空间。IT行业对于人才的需求很大，但是我们想要进入这个行业，难免会产生一些疑惑：

1) 现在的IT市场中哪些职业最受欢迎？

2) 学历高低对我们所选职业有什么影响？

3) 掌握哪些专业技能可以增加自己的就业机会？

本项目将基于某招聘网站的招聘数据，完成数据可视化过程，并基于数据分析结果，编写数据分析报告，提出IT行业人才培养方向若干建议等。

学习目标

- 培养严谨认真的态度，养成规范编程的习惯。
- 增强数据安全意识，增强遵守法律、爱岗敬业意识。
- 培养信息检索能力。
- 熟悉MySQL数据库的数据导入。
- 掌握Flask SQLAlchemy的操作。
- 掌握Ajax获取数据的配置。
- 掌握JavaScript处理数据。
- 掌握Vue框架基础开发。
- 能够使用Flask SQLAlchemy进行多表联合查询。
- 能够将数据处理为所需格式并发送给前端。
- 能够使用jQuery Ajax获取后台数据。
- 能够根据需求使用JavaScript处理数据。
- 能够绘制ECharts联动图。
- 能够搭建Vue开发环境。
- 能够在Vue框架中使用ECharts绘制图形

思维导图

招聘职位不同学历要求的平均薪资分析

任务描述

1）在MySQL中创建recruit数据库，在recruit数据库下创建EduLevelSalary、JobSalaryLevel、RecruitersNumbers 3个表，3个表的结构如下：

① 学历与职位薪资的关系表——EduLevelSalary，结构见表5-1-1。

表5-1-1　学历与职位薪资的关系表结构

字 段 名	类 型	是否为空	说 明
id	int	非空	自增（主键）
edu	varchar(255)	非空	学历
job_name	varchar(255)	非空	职位名称
salary	double	非空	平均薪资

② 职位各薪资水平招聘人数表——JobSalaryLevel，结构见表5-1-2。

表5-1-2　职位各薪资水平招聘人数表结构

字 段 名	类 型	是否为空	说 明
id	int	非空	自增（主键）
job_name	varchar(255)	非空	职位名称
salary_level	varchar(255)	非空	薪资水平
count	int	非空	需求数

③ 职位招聘人数TOP10数据库表——RecruitersNumbers，结构见表5-1-3。

表5-1-3　职位招聘人数TOP10表结构

字 段 名	类 型	是否为空	说 明
id	int	非空	自增（主键）
job_name	varchar(255)	非空	职位名称
count	int	非空	招聘数量

2）向3个表插入爬取到且分析完的数据，注意数据已经做了处理。此时，可以直接在MySQL中导入SQL文件recruit.sql，自动创建数据库、表、插入数据。

3）使用Flask+Ajax+ECharts进行数据可视化绘图，对不同学历要求的IT热门职位平均薪资数据进行绘图分析，绘制折线图。要求横轴为5种职位名称，纵轴为平均薪资。

效果如图5-1-1所示。

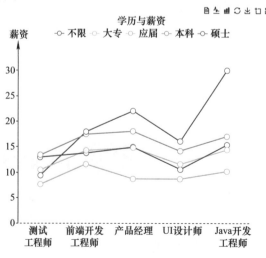

图5-1-1　任务1效果图

任务分析

本任务使用Flask从MySQL数据库中提取数据，使用SQLAlchemy进行多表联合查询，将"学历-职位-薪资"数据组装成JSON数据发送到Web前端，前端使用Ajax异步获取数据，对数据进行转换，并将数据嵌入ECharts中，绘制多条折线图。

知识准备

1. MySQL数据的导入导出

当MySQL创建库、表，插入数据后，可以将数据导出，备份数据库。mysqldump是MySQL中一个常用的备份命令，执行此命令会将包含数据的表结构和数据内容转换成相应创建语句和插入数据语句，保存为文本文件。将来若要还原，只需执行该备份文件即可。

另外，一般的MySQL连接管理工具都具备数据的备份和恢复功能。例如使用Navicat连接MySQL后，就可以对某个库进行备份和恢复。

2. SQLAlchemy高级查询

前面已经介绍过，SQLAlchemy查询有两种方式，一种是使用表模型类名查询，一种是使用db.session查询。

现有students表类，使用SQLAlchemy表模型关联了MySQL对应的表，利用该表类进行高级查询。

（1）排序

排序用到order_by方法，默认为升序，加上desc()则为降序。

示例1：查询students表，按TotalScore字段升序排序。

db.session.query(students).order_by(students.TotalScore).all()

示例2：查询students表，按TotalScore字段降序排序。

db.session.query(students).order_by(students.TotalScore.desc()).all()

（2）限制记录条数

限制记录条数可以使用limit、offset和切片等方法。

limit：设置一个参数，限制取出前几条记录，如db.session.query(students).limit(5)，表示取出students表的前5条记录。

offset：设置一个参数，下标从0开始，表示从第几条数据开始，如db.session.query(students).offset(3)，表示从下标为3的这条数据开始取出记录。

切片：在中括号中书写下标起始数字和结束数字，中间用冒号分隔，如db.session.query(students).all()[3:6]，表示取出第3、第4、第5条记录。

（3）分组

分组使用group_by方法。

示例：查询students表，分别统计男生、女生人数。

db.session.query(students.gender, func.count(students.id)).group_by(students.gender). all()

（4）having条件过滤

having作用跟where类似，只不过having是用在group_by分组后面的条件判断。

示例：首先需要对students表数据按年龄进行分组，统计每个分组分别有多少人。然后需要查看未成年人的各年龄段人数。

第一步：按年龄进行分组，统计人数。

db.session.query(students.age, func.count(students.id)).group_by(students.age). all()

第二步：在分组基础上使用having条件过滤，保留年龄小于18岁的。

db.session.query(students.age, func.count(students.id)).group_by(students.age). having(students.age<18).all()

（5）join连接多表查询

在SQLAlchemy中，使用join来完成内连接，另有左外连接（left join），右外连接（right join）。使用join连接时，如果不写join条件，那么默认将使用外键来作为条件连接。

示例：连接students和course两个表，查找出所有学生的选课情况，按照选课的数量降序排序。

db.session.query(students, func.count(course.cid)).join(course).group_by(student s.id).order_by(func.count(course.cid).desc()).all()

任务实施

本任务需要执行SQL文件，向MySQL创建数据库和表，并插入数据。使用Flask SQLAlchemy连接MySQL数据库，创建模型类并关联3个表，查询出5个热门职位，对这些热门职位在学历与职位薪资的关系表中查出不同学历对应的平均薪资，然后将数据组装成JSON数据发送到前端，前端使用Ajax获取数据，再设置到ECharts数据项中，绘制多条折线图。任务实施步骤如下：

1. MySQL导入数据

现已有招聘数据recruit.sql文件，包含了创建数据表、插入记录的脚本。为了直观地查看，使用Navicat连接MySQL数据库。连接成功后创建recruit数据库，字符集使用utf-8。接下来在recruit数据库中运行SQL文件，找到recruit.sql文件，运行SQL脚本导入数据。当然也可以使用命令方式导入。

查看数据表，发现有3个表：RecruitersNumbers、EduLevelSalary、JobSalaryLevel。

RecruitersNumbers为职位招聘人数表，表中存储了TOP10热门职位，招聘数量从高到低排列。

EduLevelSalary为学历与职位薪资的关系表，表中存储了不同学历、不同职位的薪资，薪资为计算后的平均薪资。

JobsalaryLevel为职位各薪资水平招聘人数表，表中存储了不同职位、不同薪资水平（初级、中级、高级）的招聘需求数。

注意：这3个表所存储的数据是对爬取的原始招聘数据做了统计分析的数据，现在需要根据项目需求对这些数据进一步做可视化分析。

2. Flask关联数据表

MySQL导入数据后，接下来使用Flask SQLAlchemy连接MySQL，创建表模型类，分别关联RecruitersNumbers、EduLevelSalary、JobSalaryLevel 3个表。注意，每个表模型类都要有主键。代码如下：

```
1.  from flask import Flask,render_template,jsonify  # 导入flask的Flask类，render_template，jsonify
                                                      # 方法
2.  from flask_sqlalchemy import SQLAlchemy  # 导入SQLAlchemy
3.  from sqlalchemy import or_  # 导入查询条件 or_
4.
5.  app = Flask(__name__)  # 创建Flask实例
6.  db = SQLAlchemy(app)  # 创建SQLAlchemy实例
7.  #设置数据库连接
8.  app.config['SQLALCHEMY_DATABASE_URI']='mysql://root:123456@127.0.0.1:3306/recruit'
9.  # 自动提交数据库中的改动
10. app.config['SQLALCHEMY_TRACK_MODIFICATIONS'] = True
11. app.config['SQLALCHEMY_COMMIT_ON_TEARDOWN'] = True
12. # 开启打印SQL语句调试功能
13. app.config['SQLALCHEMY_ECHO'] = True
14.
15. # 创建表模型类，关联MySQL中EduLevelSalary表
16. class EduLevelSalary(db.Model):
17.     __tablename__ = "EduLevelSalary"
18.     id=db.Column(db.Integer, primary_key=True)
19.     edu=db.Column(db.String(255))  # 学历
20.     job_name = db.Column(db.String(255))  # 职位名称
21.     salary = db.Column(db.Float)  # 平均薪资
22.
23. # 创建表模型类，关联MySQL中JobSalaryLevel表
24. class JobSalaryLevel(db.Model):
25.     __tablename__ = "JobSalaryLevel"
26.     id=db.Column(db.Integer, primary_key=True)
27.     job_name=db.Column(db.String(255))  # 职位名称
28.     salary_level = db.Column(db.String(255))  # 薪资水平
29.     count = db.Column(db.Integer)  # 需求数
30.
31. # 创建表模型类，关联MySQL中RecruitersNumbers表
32. class RecruitersNumbers(db.Model):
33.     __tablename__ = "RecruitersNumbers"
34.     id=db.Column(db.Integer, primary_key=True)
35.     job_name = db.Column(db.String(255))  # 职位名称
36.     count = db.Column(db.Integer)  # 招聘数量
```

3. 创建路由，实现页面跳转

创建路由，指向路径为/edusalary时，跳转到edusalary.html页面。

```
1.  # 创建路由/edusalary，渲染模板跳转到edusalary.html
2.  @app.route("/edusalary",methods=['GET','POST'])
3.  def edusalary():
4.      return render_template("edusalary.html")
```

4. 联合表查询数据

本阶段任务需要联合RecruitersNumbers和EduLevelSalary两张表，查询出前5项热门职位中不同学历的平均薪资。为了实现这项高级查询，先查询出RecruitersNumbers前5项热门职位，将职位名称放入列表中；再使用join联合查询RecruitersNumbers和EduLevelSalary两张表，连接条件为两张表的job_name的值相等；接着设置过滤条件，筛

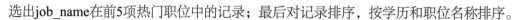

选出job_name在前5项热门职位中的记录；最后对记录排序，按学历和职位名称排序。

查询出热门职位不同学历的平均薪资后，需要将记录转换成JSON数据发送到Web前端。遍历每条记录，提取学历、职位名称、平均薪资三个字段，组成键值对，形成字典数据，再将每条记录对应的字典数据放入列表中，最终形成的列表由多个字典元素组成，将该列表转换成JSON数据并发送出去。

代码如下：

```
1.  @app.route("/edudata", methods=['GET','POST'])
2.  def edu():
3.      edus = db.session.query(RecruitersNumbers.job_name).filter().limit(5).all()  # 查询出前5项热门
                                                                                     # 职位
4.      edulist = []
5.      for edu in edus:
6.          edulist.append(edu.job_name)  # 将职位名称提取放到edulist列表中
7.      # 联合查询RecruitersNumbers和EduLevelSalary表，join连接条件为job_name的值相等
8.      # 设置filter过滤条件job_name为前5项热门岗位
9.      # 设置order_by排序，先对学历升序排序，再对职位名降序排序
10.     recruitersNumbers = db.session.query(RecruitersNumbers.job_name, EduLevelSalary.edu, EduLevelSalary.
        salary).join(
11.         EduLevelSalary, RecruitersNumbers.job_name == EduLevelSalary.job_name) \
12.         .filter(or_(RecruitersNumbers.job_name == edulist[0], RecruitersNumbers.job_name == edulist[1],
13.             RecruitersNumbers.job_name == edulist[2], RecruitersNumbers.job_name == edulist[3],
14.             RecruitersNumbers.job_name == edulist[4])) \
15.         .order_by(EduLevelSalary.edu, EduLevelSalary.job_name.desc())
16.
17.     # 将查询出的每一行记录转换为字典数据，包含学历、职位名称、平均薪资3个键值对，字典
        # 数据放入列表中
18.     list_ = []
19.     for x in recruitersNumbers:
20.         data = {
21.             "edu": x.edu,
22.             "job_name": x.job_name,
23.             "salary": x.salary
24.         }
25.         list_.append(data)
26.     print(list_)
27.     return jsonify(list_)  # 将字典数据转换成JSON数据并发送到Web前端
```

5. 创建Flask执行代码

代码如下：

```
1.  if __name__ == "__main__":
2.      app.run(debug=True, host="127.0.0.1", port=5000)
```

6. 开发Web页面

Web页面主要编写ECharts代码，并利用Ajax获取从后端传过来的数据，处理并变换数据，将数据传入ECharts参数项中，实现绘制各热门职位不同学历的平均薪资折线图。网页脚本代码如下：

```
1.  <!DOCTYPE HTML>
2.  <html lang="en">
```

```
3.  <head>
4.      <meta charset="UTF-8">
5.      <title>学历与薪资</title>
6.  </head>
7.  <body>
8.  <!-- 引入 echarts.min.js、jquery.min.js文件 -->
9.  <script type="text/JavaScript" src="../static/js/echarts.min.js"></script>
10. <script type="text/JavaScript" src="../static/js/jquery.min.js"></script>
11. <!-- 为ECharts准备一个一定大小的DIV -->
12. <div id="main" style="height:800px;width:800px;margin:0 auto;"></div>
13. <script type="text/javascript">
14.     <!-- 基于准备好的DIV，初始化ECharts实例 -->
15.     var myChart = echarts.init(document.getElementById('main'));
16.     <!-- 指定图表的配置项和数据 -->
17.     var option = {
18.         color:['#458FE3', '#48C964', '#FFAE37', '#FB8989', '#CA89FB'], //用于对应5条折线的颜色
19.         title: {  // 设置图形标题
20.             text: '学历与薪资',
21.             x: 'center',
22.             top: '10%'
23.         },
24.         legend: {  // 设置图例，data数据先暂时设为空
25.             top: '14%',
26.             data: []
27.         },
28.         toolbox:{  // 设置工具箱、辅助工具
29.             show: true,
30.             feature: {
31.                 mark:{show:true},  // 辅助线开关
32.                 dataView: {show:true, readonly:false}, // 数据视图
33.                 magicType: {type: ['line', 'bar']},  // 动态类型切换
34.                 restore: {}, // 还原按钮
35.                 saveAsImage: {}, // 保存图片按钮
36.                 dataZoom:{show:true}  //缩放按钮
37.             }
38.         },
39.         tooltip: {  // 提示框
40.             trigger: 'axis',  // 坐标轴触发
41.             axisPointer: { type: 'cross' },  // 十字准星提示线
42.         },
43.         grid: {  // 网格设置
44.             left: '10%',
45.             right: '10%',
46.             top: '20%',
47.             bottom: '20%',
48.             containLabel: true
49.         },
50.         xAxis: {
51.             axisTick: { show: false },  // 坐标轴刻度相关设置
52.             axisLabel: {  // 坐标轴刻度标签的相关设置
```

```
53.            textStyle: { color: '#707070', fontSize: 14 },
54.            interval: 0,
55.            formatter: function (value) {
56.                return value.split(" ").join("\n");
57.            }
58.          },
59.          axisLine: {   // 坐标轴轴线相关设置
60.            lineStyle: { color: '#cccccc', type: 'dashed' }
61.          },
62.          data: []   // x轴标签数据设为空
63.        },
64.      yAxis: {
65.        name: '薪资',
66.        nameTextStyle:{   // y轴标签名称文本样式设置
67.            color: '#707070', fontSize: 14
68.        },
69.        axisLabel: {   // 坐标轴刻度标签的相关设置
70.            textStyle: { color: '#707070', fontSize: 14 },
71.            showMaxLabel:false
72.        },
73.        axisLine: {   // 坐标轴轴线相关设置
74.            symbol :['none', 'arrow'],
75.            symbolOffset: [0, 4],
76.            lineStyle: { color: '#707070' }
77.        },
78.        splitLine: { show: false },   // 坐标轴在 grid 区域中的分隔线设置
79.        boundaryGap: [0, 0.1]   // 边界间距设置
80.      },
81.      series: []   // 这里设置为空，将放置4条折线数据
82.  };
83.  <!-- 使用jQuery Ajax获取数据 -->
84.  $(document).ready(function () {
85.      $.ajax({
86.        type: "post",
87.        async: true,
88.        url: "/edudata",
89.        dataType: "json",
90.        success: function (result) {
91.            <!-- 提取转换数据 -->
92.            var edus = [];
93.            var jobs = [];
94.            // 遍历result列表，取出字典元素的职位名称（不重复）放入jobs数组，取出学
               // 历名称（不重复）放入edus数组
95.            for (var i = 0; i < result.length; i++) {
96.                if (jobs.indexOf(result[i].job_name) === -1) {
97.                    jobs.push(result[i].job_name);
98.                }
99.                if (edus.indexOf(result[i].edu) === -1) {
100.                   edus.push(result[i].edu);
101.               }
```

```
102.                    }
103.                    var series = [];
104.                    // 遍历学历名称
105.                    for (var edu of edus) {
106.                        var data = [];
107.                        // 遍历result列表，将相同学历薪资数据放入data数组
108.                        for (var y = 0; y < result.length; y++) {
109.                            if (result[y].edu === edu) {
110.                                data.push(result[y].salary)
111.                            }
112.                        }
113.                        // 将每种学历的数据放入series系列中，对应为一条折线
114.                        var json = {'name': edu, 'type': 'line', 'symbolSize': 14, 'data': data}
115.                        series.push(json);
116.                    }
117.                    <!-- 将数据项分别设置到ECharts参数中，ECharts实例关联option配置项 -->
118.                    option.legend.data=edus;
119.                    option.xAxis.data=jobs;
120.                    option.series=series;
121.                    myChart.setOption(option);
122.                },
123.                // 数据请求失败，显示相应提示框
124.                error: function (errorMsg) {
125.                    //请求失败时执行该函数
126.                    alert("图表请求数据失败!");
127.                }
128.            });
129.        });
130. </script>
131. </body>
132. </html>
```

以上代码主要包含以下过程：

1）引入ECharts、jQuery等.js文件。

2）为ECharts创建DIV文档对象，设置DIV区块大小。

3）基于准备好的DIV，初始化ECharts实例。

4）创建option，指定图表的配置项和数据。其中option参数中，图例数据、x轴标签数据、series系列折线数据都先设为空，在Ajax获取数据后为这些参数赋值。

5）使用jQuery Ajax获取后端数据。

6）对获取到的数据进行提取和转换。提取用于图例的学历数据、用于x轴标签的职位名称数据，以及不同学历对应的不同职位薪资数据。

7）将提取转换的数据项分别设置到ECharts参数中，并将ECharts实例关联option配置项，实现多条折线图的绘制。

7．验证

运行Flask程序，在浏览器输入访问路径http://127.0.0.1:5000/edusalary，浏览结果如图5-1-2所示。

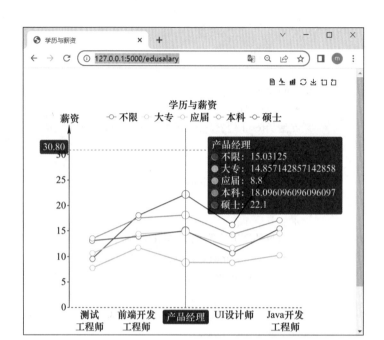

图5-1-2　多条折线图运行结果

任务2　热门职位各薪资水平人数分布联动图分析

任务描述

在上一任务的基础上，使用Flask+Ajax+ECharts进行数据可视化绘图。绘制折线图/饼图联动图，分析最热门的5种职业在各个薪资水平（初级、中级、高级）的需求人数分布情况。要求横轴为5种职位名称，纵轴为职位需求数，下方为折线图，描绘各个水平对应5种职位的需求数，上方为联动的饼图，描绘某一职位初级、中级、高级需求数分布情况。

效果如图5-2-1所示。

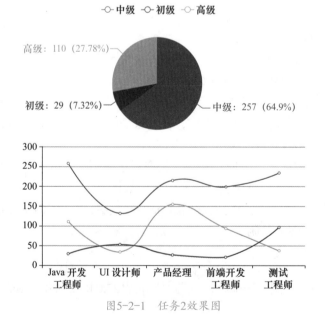

图5-2-1　任务2效果图

任务分析

本任务在上一任务基础上，利用MySQL中的数据，使用SQLAlchemy进行多表联合查询，将职位各薪资水平招聘人数数据组装成JSON数据并发送到Web前端，前端使用Ajax异步获取数据，对数据进行转换，并将数据嵌入ECharts中，绘制折线图/饼图联动图。

知识准备

1. JavaScript数据处理

Web页面一般接收到的是JSON数据，JSON数据一般需要先进行处理之后才可以设置到ECharts参数中，而在Web页面进行数据处理，会用到JavaScript语言。JavaScript语言是Web编程语言，是一种具有函数优先的轻量级解释型或即时编译型的编程语言，在Web开发中非常流行。

对于从后台传递过来的数据，往往需要使用JavaScript进行一定的数据处理和转换，才能加载到Echarts图表中使用。以下是常用的数据处理和变换方法：

数据类型判断方法：typeof、instanceof。

数组、集合遍历方法：for、for/in循环、forEach、map、reduce、every、some。

数据的增删改查方法：push、unshift、shift、pop、splice。

数组的查找方法：indexOf、findIndex。

数组与字符串互转方法：join、split。

数据的排序：sort。

2. 联动图

当需要展示的数据较多时，通过一个图表展示的效果并不佳，这时可以使用多图表联动功能，创建联动图。

echarts.js提供了connect功能，只要图表的legend一样，就能实现联动。使用connect方法实现联动，可以分别设置每个ECharts对象为相同的group值，并通过在调用ECharts对象的connect方法时传入group值，使用多个ECharts对象建立联动关系，关键代码如下：

```
myChart1.group = 'group1';
myChart2.group = 'group1';
ECharts.connect('group1');
```

调用ECharts对象的connect方法时传入group值，因为两个ECharts对象group值相同，所以可以实现联动效果。也可以直接调用ECharts的connect方法，参数为一个由多个需要联动的ECharts对象所组成的数组，关键代码如下：

```
ECharts.connect([myChart1,myChart2]); //通过connect连接两个ECharts对象实现联动
```

联动图也可以通过重新绘制图表来实现，借助JavaScript事件实现。例如折线图联动饼图时，通过鼠标事件获取xAxisInfo，再根据获取到的xAxisInfo.value值重新绘制饼图。

任务实施

在上一任务基础上继续操作。使用SQLAlchemy进行多表联合查询，将"职位-薪

资水平-需求数"数据查询出来,并发送到Web前端,前端使用Ajax异步获取数据,对数据进行转换,将数据嵌入ECharts中,绘制折线图/饼图联动图。

1. Flask关联数据表

使用Flask SQLAlchemy连接MySQL,创建表模型类,分别关联RecruitersNumbers、EduLevelSalary、JobSalaryLevel 3个表。

2. 创建路由,实现页面跳转

创建路由,指向路径为/joblevel时,跳转到job.html页面。

```
1.  # 创建路由/joblevel,渲染模板跳转到job.html
2.  @app.route("/joblevel", methods=['GET','POST'])
3.  def job():
4.      return render_template("job.html")
```

3. 联合表查询数据

本阶段任务需要联合RecruitersNumbers和JobSalaryLevel两张表,查询出前5项热门职位中不同薪资水平的需求数。为了实现这项高级查询,先从RecruitersNumbers查询出前5项热门职位,将职位名称放入列表中;再使用join联合查询RecruitersNumbers和JobSalaryLevel两张表,连接条件为两张表的job_name的值相等;接着设置过滤条件,筛选出job_name满足前5项热门职位的记录;最后对记录排序,按职位名称和薪资水平排序。

查询出热门职位不同等级的需求数后,需要将记录转换成JSON数据发送到Web前端,涉及数据处理过程:遍历每条记录,提取职位名称、薪资水平、需求数3个字段,组成键值对,形成字典数据,再将每条记录对应的字典数据放入列表中,最终形成的列表由多个字典元素组成,将该列表转换成JSON数据并发送出去。

代码如下:

```
1.  @app.route("/jobdata",methods=['GET','POST'])
2.  def jobdata():
3.      edus=db.session.query(RecruitersNumbers.job_name).filter().limit(5).all()  # 查询出前5项热门职位
4.      edulist=[]
5.      for edu in edus:
6.          edulist.append(edu.job_name) # 将职位名称提取放到edulist列表中
7.      # 联合查询RecruitersNumbers和JobSalaryLevel表,join连接条件为job_name的值相等
8.      # 设置filter过滤条件job_name为前5项热门职位
9.      # 设置order_by排序,先对职位名称升序排序,再对薪资水平升序排序
10.     recruitersNumbers=db.session.query(RecruitersNumbers.job_name,JobSalaryLevel.salary_level,
        JobSalaryLevel.count)\
11.         .join(JobSalaryLevel,RecruitersNumbers.job_name==JobSalaryLevel.job_name)\
12.         .filter(or_(RecruitersNumbers.job_name==edulist[0],RecruitersNumbers.job_name==edulist[1],
13.             RecruitersNumbers.job_name==edulist[2],RecruitersNumbers.job_name==edulist[3],
14.             RecruitersNumbers.job_name==edulist[4]))\
15.         .order_by(JobSalaryLevel.job_name,JobSalaryLevel.salary_level)
16.     # 将查询出的每一行记录转换为字典数据,包含职位、薪资水平、需求数3个键值对,字典
        # 数据放入列表中
17.     list_=[]
```

```
18.        for x in recruitersNumbers:
19.            data={
20.                "job_name":x.job_name,
21.                "salary_level":x.salary_level,
22.                "count":x.count
23.            }
24.            list_.append(data)
25.        print(list_)
26.        return jsonify(list_)    # 将字典数据转换成JSON数据并发送到Web前端
```

4. 创建Flask执行代码

在main方法中创建运行代码。

5. 开发Web页面

Web页面主要编写ECharts代码，并利用Ajax获取从后端传过来的数据，处理并变换数据，将数据传入ECharts参数项中，ECharts使用数据集方式（dataset）加载数据，并创建鼠标事件更新数据达到折线图联动饼图的效果，实现绘制热门职位各薪资水平人数分布联动图。网页脚本代码如下：

```
1.  <!DOCTYPE HTML>
2.  <html lang="en">
3.  <head>
4.      <meta charset="UTF-8">
5.      <title>工作薪资水平</title>
6.  </head>
7.  <body>
8.  <!-- 引入 echarts.min.js、jquery.min.js文件 -->
9.  <script type="text/JavaScript" src="../static/js/echarts.min.js"></script>
10. <script type="text/JavaScript" src="../static/js/jquery.min.js"></script>
11. <!-- 为ECharts准备一个一定大小的DIV -->
12. <div id="main" style="height:600px;width:600px;margin:0 auto;"></div>
13. <script type="text/javascript">
14.     $(document).ready(function () {
15.         <!-- 基于准备好的DIV，初始化ECharts实例 -->
16.         var myChart = echarts.init(document.getElementById('main'));
17.         <!-- 使用jQuery Ajax获取数据 -->
18.         $.ajax({
19.             type: "post",
20.             async: true,
21.             url: "/jobdata",
22.             dataType: "json",
23.             success: function (result) {
24.                 <!-- 提取转换数据 -->
25.                 var jobs = [];
26.                 var values = [];
27.                 jobs.push('level');
28.                 var a = []; //用于存储"初级、中级、高级"
```

```
29.          for (var i = 0; i < result.length; i++) {
30.              if (jobs.indexOf(result[i].job_name)===-1){
31.                  jobs.push(result[i].job_name);  //把5项热门职位放到jobs数组中
32.              } //循环完后为["level", "Java开发工程师", "UI设计师", "产品经理", "前端开
                    //发工程师", "测试工程师"]形式
33.              var salary_level = result[i].salary_level;
34.              if (a.indexOf(salary_level) === -1) {
35.                  a.push(salary_level);
36.                  var sal_levs = [];
37.                  sal_levs.push(salary_level); //用于存储["初级", 257, 131, 214, 198, 233],此
                                                  //时为["初级"]
38.                  for (var y = 0; y < result.length; y++) {
39.                      if (salary_level === result[y].salary_level) {
40.                          sal_levs.push(result[y].count); //循环完后成为["初级", 257, 131, 214,
                                                            //198, 233]形式
41.                      }
42.                  }
43.                  values.push(sal_levs);
44.              }
45.          }
46.      values.unshift(jobs); //将jobs数组作为一个元素，添加到values数组最前面
47.      console.log(jobs); //用于检测调试，向控制台输出jobs
48.      console.log(values); //用于检测调试，向控制台输出jobs
49.      <!-- 设置option，指定图表的配置项和数据 -->
50.      var option = {
51.          legend: {},
52.          tooltip: {
53.              trigger: 'axis',
54.              showContent: false
55.          },
56.          dataset: {
57.              source: values   //将values数组的数据传过来
58.          },
59.          xAxis: {
60.              type: 'category',
61.              axisLabel: {
62.                  interval: 0
63.              },
64.          },
65.          yAxis: {gridIndex: 0},
66.          grid: {top: '55%'},
67.          series: [
68.              {type: 'line', smooth: true, seriesLayoutBy: 'row'},
69.              {type: 'line', smooth: true, seriesLayoutBy: 'row'},
70.              {type: 'line', smooth: true, seriesLayoutBy: 'row'},
71.              {
72.                  type: 'pie',
```

```
73.                        id: 'pie',
74.                        radius: '30%',
75.                        center: ['50%', '25%'],
76.                        label: {
77.                            formatter: '{b}: {@1} ({d}%)'
78.                        },
79.                        encode: {
80.                            itemName: 'level',
81.                            value: 1,
82.                            tooltip: 'Java开发工程师'
83.                        }
84.                    }
85.                ]
86.            };
87.            <!-- 使用鼠标事件更新图表，实现联动图效果 -->
88.            myChart.on('updateAxisPointer', function (event) {
89.                var xAxisInfo = event.axesInfo[0];
90.                if (xAxisInfo) {
91.                    var dimension = xAxisInfo.value + 1;
92.                    myChart.setOption({
93.                        series: {
94.                            id: 'pie',
95.                            label: {
96.                                formatter:'{b}:{@['+dimension+']}({d}%)'
97.                            },
98.                            encode: {
99.                                value: dimension,
100.                               tooltip: dimension
101.                            }
102.                        }
103.                    });
104.                }
105.            });
106.            <!-- 对ECharts实例对象设置option配置项，显示图表 -->
107.            myChart.setOption(option);
108.        },
109.        error: function (errorMsg) {
110.            //请求失败时执行该函数
111.            alert("图表请求数据失败!");
112.        }
113.    });
114.    });
115. </script>
116. </body>
117. </html>
```

以上代码主要包含以下过程：

1）引入ECharts、jQuery等.js文件。

2）为ECharts创建DIV文档对象，设置DIV区块大小。

3）基于准备好的DIV，初始化ECharts实例。

4）使用jQuery Ajax获取数据。

5）提取转换数据，将JSON数据转换成数据集所需要的形式。

6）设置option，指定图表的配置项和数据。

7）使用鼠标事件更新图表，实现联动图效果。

8）对ECharts实例对象设置option配置项，显示图表。

6. 验证

运行Flask程序，在浏览器输入访问路径http://127.0.0.1:5000/joblevel，浏览结果如图5-2-2所示。

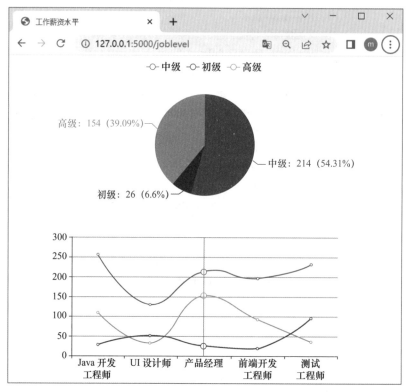

图5-2-2　热门职位各薪资水平人数分布联动图

图5-2-2中，当鼠标移动到不同职位名称所在垂直线时，上方饼图显示不同职位对应初级、中级、高级3种薪资水平需求数占比情况，实现了折线图联动饼图的效果。

任务3　各职位薪资水平需求数统计

任务描述

在前面任务的基础上，使用Vue+Node.js+ECharts进行数据可视化绘图。绘制折线图，从Web接口中请求数据，对各个职位不同薪资水平（初级、中级、高级）的需求人数进行统计。要求横轴为职位名称，纵轴为职位需求数，绘制多条折线图描述不同职位初级、中级、高级3种薪资水平需求数分布情况。效果如图5-3-1所示。

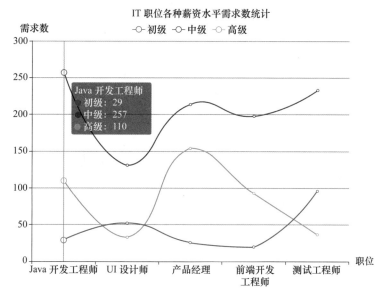

图5-3-1　任务3运行效果图

任务分析

本任务在前面任务的基础上进行操作，使用了前面处理好的JSON数据，但所使用的主要技术发生了改变，本任务将使用前端框架Vue创建Web项目，并通过请求接口数据来绘制图形。

薪资水平数据不在数据库中，需要从Web服务接口中请求数据，用浏览器访问http://127.0.0.1:5050/job/data可以获得，请求得到的JSON数据如下：

```
[  {"job_name":"Java开发工程师",
        "salary_level":"中级",
        "count":257},
    …
    {"job_name":"测试工程师",
        "salary_level":"高级",
        "count":37} ]
```

利用Vue的Axios请求该接口数据，对请求到的数据进行处理，并利用ECharts插件绘制图形，在Web页面中显示出来。

知识准备

1. Node.js

Node.js是一个基于ChromeV8（简称V8）引擎的JavaScript运行环境。Node.js使用了一个事件驱动、非阻塞式I/O模型。Node是一个使JavaScript运行在服务端的开发平台，它让JavaScript成为与PHP、Python、Perl、Ruby等服务端语言平起平坐的脚本语言。

Node.js是一个基于Chrome JavaScript运行时而建立的平台，用于方便地搭建响应速度快、易于扩展的网络应用。Node.js提供替代的API，使得V8在非浏览器环境下运行得更好。V8引擎执行JavaScript的速度非常快，性能非常好。Chrome浏览器和Node.js在解析JavaScript都使用了V8引擎。

如果希望通过Node.js来运行JavaScript代码，则必须在计算机上安装Node.js环境。

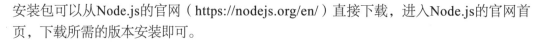

安装包可以从Node.js的官网（https://nodejs.org/en/）直接下载，进入Node.js的官网首页，下载所需的版本安装即可。

2. NPM

NPM（Node Package Manager），即Node.js的包管理器，用于Node插件管理（包括安装、卸载、管理依赖等）。NPM是随同Node.js一起安装的包管理工具，能解决Node.js代码部署上的问题。

NPM类似Maven、Gradle，只不过Maven、Gradle是用来管理Java JAR包的，而NPM是用来管理JavaScript的。NPM实现思路和Maven、Gradle基本类似：

1）有一个远程代码仓库（registry），在里面存放所有需要被共享的JS代码，每个JS文件都有自己唯一标识。

2）用户想使用某个JavaScript的时候，只需引用对应的标识，js文件会被自动下载。

3. Vue

Vue.js是一款流行的JavaScript的前端框架，既是一个用于创建用户界面的开源JavaScript框架，也是一个创建单页应用的Web应用框架。与其他框架不同，Vue采用自底向上增量开发的设计。Vue的核心库只关注视图层，并且非常易于学习，易于与其他库或已有项目整合。

Vue的优点：易学易用，轻量级框架，基于标准HTML、CSS和JavaScript构建，容易上手；性能出色，经过编译器优化、完全响应式的渲染系统，几乎不需要手动优化；灵活多变，丰富的、可渐进式集成的生态系统，可以根据应用规模在库和框架间切换自如。

4. Axios

Axios是一个基于Promise的网络请求库，可以用于浏览器和Node.js。相比于原生的XMLHttpRequest对象，Axios简单易用；相比于jQuery，Axios更加轻量化，只专注于网络数据请求。

Axios可以实现同源请求和跨域请求。如果两个页面的协议、域名和端口都相同，则两个页面具有相同的源，例如http://www.test.com/index.html与http://www.test.com/other.html、http://www.test.com:80/main.html具有相同的源，而与https://www.test.com/about.html、http://blog.test.com/movie.html、http://www.test.com:5000/home.html具有不同的源。

同源策略限制了从同一个源加载的文档或脚本如何与来自另一个源的资源进行交互。这是一个用于隔离潜在恶意文件的重要安全机制。通俗地说，同源策略下，A网站的JavaScript不允许和非同源的网站C之间进行资源交互，包括无法读取非同源网页的Cookie、LocalStorage和IndexedDB，无法接触非同源网页的DOM、无法向非同源地址发送Ajax请求等。

如果需要在两个协议、域名和端口不完全一致的URL中进行交互，则需要跨域。通过设置Axios可以实现跨域请求。

任务实施

本任务主要使用Vue+Node.js+ECharts技术绘制图形，实现各薪资水平需求数的统计，包括搭建Vue开发环境、请求接口数据、数据处理转换、ECharts绘图等步骤。

1. 搭建开发环境

（1）安装VSCode

进入VSCode（Visual Studio Code）官方网站（https://code.visualstudio.com/），下载最新版本进行安装。

（2）安装Node.js

进入官网https://nodejs.org/en/，下载node-v16.17.1-x64 .msi，双击进行安装。安装好后，验证Node和NPM是否成功。Node为后端开发功能模块，NPM为包、依赖管理器。

验证Node：

```
C:\Users\youth> node -v
v16.17.1
```

验证NPM：

```
C:\Users\youth> npm -v
8.15.0
```

（3）安装Vue

要安装Vue-cli脚手架，可以使用NPM在线安装。为了提升速度，安装前可以修改仓库镜像为国内镜像。修改命令如下：

```
npm config set registry https://registry.npm.taobao.org --global
npm config set disturl https://npm.taobao.org/dist --global
```

安装Vue，可在Windows命令提示符下安装：

```
C:\Users\youth> npm install -g @vue/cli
```

如果提示"npm notice Run npm install -g npm@8.19.2 to update!"，表示NPM版本需要升级，使用命令npm install -g npm@8.19.2进行升级，再使用命令npm install -g @vue/cli安装Vue。

安装Vue完毕后，务必验证，验证方法如下：

```
C:\Users\youth>vue --version
@vue/cli 5.0.8
```

2. 创建Vue项目

一般使用命令创建Vue项目，首先新建一个目录，进入目录后再创建Vue项目。如在E盘创建了vue目录，在该目录下用命令创建myvue项目，方法如下：

```
C:\Users\youth> E:
E:\>
E:\>cd  E:\vue
E:\vue>
进入相关目录，开始创建Vue项目
E:\vue> vue create myvue
```

创建Vue项目时，选择默认的Vue版本："Vue 3"。

安装完毕后，如果提示"Successfully created project myvue."，则表示创建新项目成功。

3. VSCode打开项目

启动VSCode，选择"File" → "Open Folder"，找到E:\vue\myvue目录，选择该文件

夹。项目打开界面如图5-3-2所示。

图5-3-2　VSCode打开Vue项目的界面

VSCode左侧为Vue的项目结构，说明如下：

```
├── node_modules: Node服务模块
├── public
│   ├── favicon.ico: 页签图标
│   └── index.html: 主页面
├── src
│   ├── assets: 存放静态资源
│   │   └── logo.png
│   ├── component: 存放组件
│   │   └── HelloWorld.vue
│   ├── App.vue: 汇总所有组件
│   ├── main.js: 入口文件
├── .gitignore: git版本管制忽略的配置
├── babel.config.js: babel的配置文件
├── jsconfig.json: 指定JavaScript语言服务所提供功能的根文件和选项
├── package-lock.json：包版本控制文件
├── package.json: 应用包配置文件
├── README.md: 应用描述文件
├── vue.config.js: 一个可选的配置文件
```

可以运行该项目，查看是否能够正常启动。单击"Terminal"→"New Termnial"，打开终端，输入npm run serve启动Web服务，如图5-3-3所示。

图5-3-3　启动Web服务

使用浏览器打开图5-3-4的URL地址，显示Vue的Web欢迎页面，如图5-3-4所示，这表示Web服务能够正常运行。

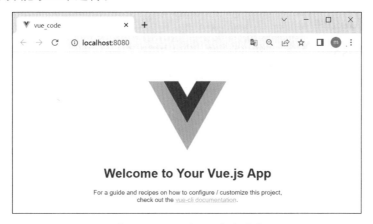

图5-3-4　Vue的Web欢迎页面

4. VSCode安装扩展插件

为了更好地开发Vue程序，VSCode一般会安装以下插件：

1）Chinese (Simplified) (简体中文) Language Pack for Visual Studio Code：中文界面。

2）Live Server：一个具有实时加载功能的小型服务器。

3）Vue 3 Snippets：基于Vue 2及Vue 3的API添加了Code Snippets功能，提供代码片段、语法高亮和格式化。

4）Vue Language Features(Volar)：用于为Vue3版本语法进行语言支持。

5）Vuter：语法提示。

为了实现跨域请求数据，需要安装Axios。一般在终端使用NPM命令安装Axios，命令如下：

```
E:\learning\vue2\myvue>  npm i axios
```

5. 修改vue.config配置文件

修改vue.config配置文件，设置Axios跨域请求，代码如下：

```
1.   const { defineConfig } = require('@vue/cli-service')
2.   module.exports = defineConfig({
3.     transpileDependencies: true,
4.     lintOnSave:false,
5.     devServer: {
6.       proxy: {
7.         '/api': {
8.           target: 'http://127.0.0.1:5050',
9.           changeOrigin: true,
10.          pathRewrite: {
11.            '^/api': ''
12.          }
13.        }
14.      }
15.    }
16.  })
```

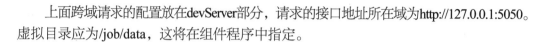

上面跨域请求的配置放在devServer部分，请求的接口地址所在域为http://127.0.0.1:5050。虚拟目录应为/job/data，这将在组件程序中指定。

6. 开发Vue组件

在项目结构src下的components中，默认放置了HelloWorld.vue组件，也可以在components目录中新建Vue程序。这里直接对HelloWorld.vue进行修改。

为了引入ECharts插件，在src下创建js目录，并将echarts.min.js放入js目录下。

删除HelloWorld.vue原来所有代码，重新编写代码如下：

```
1.  <!-- 配置模板中的DIV区块 -->
2.  <template>
3.    <div id="one_pic"></div>
4.  </template>
5.
6.  <script>
7.  // 导入相关插件和模块
8.  import * as ECharts from "../js/echarts.min.js"
9.  import axios from 'axios'
10. import { onMounted } from '@vue/runtime-core'
11. export default {
12.   name: 'HelloWorld',
13.   setup() {
14.     onMounted(() => {
15.       // 设置Axios跨域请求接口数据
16.       axios.get('/api/job/data').then(
17.         res => {
18.           console.log('请求成功', res.data);
19.
20.           // 数据处理
21.           let jsonData = res.data
22.           let salaryLevel = []
23.           jsonData.forEach(value => {
24.             if (!(salaryLevel.includes(value.salary_level))) {
25.               salaryLevel.push(value.salary_level)
26.             }
27.           });
28.           let temp = salaryLevel[0]
29.           salaryLevel[0] = salaryLevel[1]
30.           salaryLevel[1] = temp
31.           // console.log(salaryLevel);
32.
33.           const groupBy = (objectArr, property) => {
34.             return objectArr.reduce((pre, cur) => {
35.               let key = cur[property]
36.               if (!pre[key]) {
37.                 pre[key] = []
38.               }
```

```
39.              pre[key].push([cur.salary_level, cur.count])
40.              return pre
41.          }, {})
42.      }
43.      let groupedData = groupBy(jsonData, 'job_name')
44.      // console.log(groupedData);
45.
46.      let data = [['position'].concat(salaryLevel)]
47.      // console.log(data);
48.
49.      Object.keys(groupedData).map(position => {
50.          let levelData = []
51.          salaryLevel.forEach(level => {
52.              groupedData[position].forEach(value => {
53.                  if (value.at(0) === level) {
54.                      levelData.push(value.at(1))
55.                  }
56.              })
57.          })
58.          data.push([position].concat(levelData))
59.      })
60.
61.      // 数据打印到控制台
62.      console.log('绘制图表所需的数据集为：', data);
63.
64.      // 绘制图表，指定图表的配置项和数据
65.      let mCharts = echarts.init(document.getElementById('one_pic'))
66.      let option = {
67.          title: {
68.              text: 'IT职位各种薪资水平需求数统计',
69.              left: 'center'
70.          },
71.          dataset: {
72.              source: data
73.          },
74.          legend: {
75.              data: salaryLevel,
76.              top: '6%'
77.          },
78.          tooltip: {
79.              trigger: 'axis'
80.          },
81.          xAxis: {
82.              name: '岗位',
83.              type: 'category'
84.          },
85.          yAxis: {
86.              name: '需求数',
```

```
87.              type: 'value'
88.            },
89.            series: [
90.              { type: 'line', smooth: true },
91.              { type: 'line', smooth: true },
92.              { type: 'line', smooth: true }
93.            ]
94.          }
95.          // ECharts实例对象设置option配置项，显示图表
96.          mCharts.setOption(option)
97.        },
98.        err => {
99.          console.log('请求失败', err.message);
100.        }
101.      )
102.    })
103.  }
104. }
105. </script>
106.
107. <!-- 设置DIV区块的CSS样式 -->
108. <style>
109. #one_pic {
110.    width: 700px;
111.    height: 500px;
112. }
113. </style>
```

以上HelloWorld.vue组件的开发大概包括以下几个步骤：

1）配置模板中的DIV区块。

2）导入相关插件和模块。

3）设置Axios跨域请求接口数据。

4）数据处理，对请求到的JSON数据进行处理，以符合ECharts数据传入参数。

5）绘制图表，指定图表的配置项和数据。

6）设置DIV区块的CSS样式。

HelloWorld.vue程序开发完后，需要加载输出到App.vue组件中，App.vue组件代码如下：

```
1.  <!-- 加载HelloWorld模块 -->
2.  <template>
3.    <HelloWorld />
4.  </template>
5.
6.  <script>
7.  // 导入HelloWorld.vue组件
8.  import HelloWorld from './components/HelloWorld.vue'
9.
10. // 输出当前App模块
```

11. export default {

12.   name: 'App',

13.   components: {

14.   HelloWorld

15.   }

16. }

17. </script>

App.vue组件主要实现加载HelloWorld模块，并输出当前App模块到主页中去。

7. 验证

启动NPM Web服务，使用npm run serve命令启动，命令如下：

PS E:\vue\myvue> npm run serve

打开浏览器，输入http://localhost:8080/访问该Web服务，可以看到图表已经能够正确显示，如图5-3-5所示。

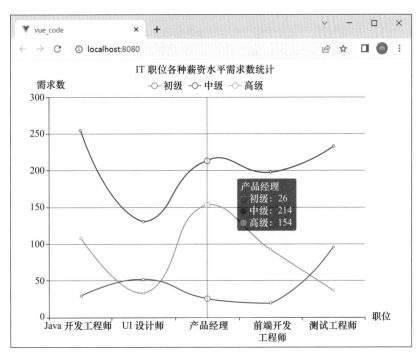

图5-3-5 IT职位各种薪资水平需求数统计

该项目的数据来源于接口http://127.0.0.1:5050/job/data中的JSON数据，Vue通过Axios跨域请求获取到数据，经过数据处理和变换，使用ECharts绘制出图表，并通过Web展示出来。

拓展任务

十个热门职位最高薪水统计

读取MySQL中recruit数据库，利用RecruitersNumbers、EduLevelSalary两个表，查询出RecruitersNumbers表中的十个热门职位在EduLevelSalary表中的最高薪资（不区分学历），用柱状图显示出来，如图5-4-1所示。

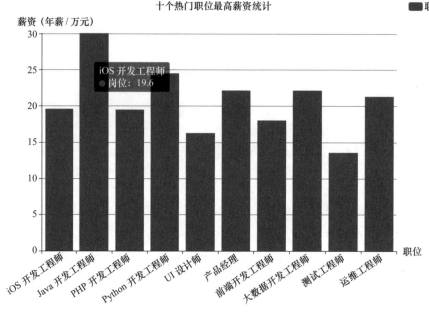

图5-4-1 热门职位最高薪资统计

分别使用下面两种方式完成统计和图形绘制：

1）使用Flask+Ajax +ECharts技术。使用Flask SQLAlchemy连接MySQL，查询和统计数据，发送数据到Web前端，前端使用Ajax获取数据，并使用ECharts绘制柱形图。

2）使用Vue+Node.js+ECharts技术。搭建Node.js和Vue开发环境，创建连接MySQL数据库的API接口，请求MySQL表数据，对数据进行处理、转换，并用ECharts绘制柱形图。

项目分析报告 ➡

1. 招聘数据分析

本项目绘制了不同学历的平均薪资情况、热门职位各薪资水平人数分布等图形，对其观察和分析可以得到以下结论：

最热门的5种职位分别是测试工程师、前端开发工程师、产品经理、UI设计师、Java开发工程师。除了产品经理职位对技术、经验、管理等方面综合能力要求较高外，其他职位对技术要求较高。其中，硕士学历薪资波动较大，其他学历波动不大。硕士学历的Java开发工程师、产品经理职位薪资很高，因为它们对技术和经验要求较高，待遇较好。整体上，硕士、本科学历待遇较高，其次为大专和不限学历，应届生最低，但不限学历的职位也能提供较高待遇。这说明薪资与学历有一定正比关系，但薪资还受技术水平掌握程度、工作经验等方面影响。

前5种热门职位中，中级薪资水平的职位需求数最多，初级和高级薪资水平需求数出现交叠，Java开发工程师、产品经理、前端开发工程师，其高级职位需求比初级职位要多，其他两个职位反之。从图表可以看出，大部分企业职位需求数以中级为主，初级、高级需求数相对低一些，初级、中级、高级人才结构呈现两头小、中间粗的"木桶"形状。

2. 当前影响薪资的主要因素

由前面分析可知，职位薪资水平主要由以下因素决定：

1）不同职位对薪资影响不同，要求技术和管理水平高、要求工作经验丰富的职位相应薪资就高。

2）同一职位，不同级别的薪资也不同，初级职位对技术和经验的要求不高，薪资也低，高级职位则薪资高。

3）影响薪资水平的因素，除了技术、经验外，还有学历，大部分职位的薪资与学历成正比关系，当然也有部分职位只看能力不看学历。

3．IT行业人才培养建议

通过招聘数据分析可知，热门职位有测试工程师、前端开发工程师、产品经理、UI设计师、Java开发工程师等，而且这些职位的中级薪资水平需求最多。因此，在培养IT人才时应该注重以下几点：

1）调整人才培养方向，加大热门岗位所需技能的培养。

2）根据市场需求，动态增设相关专业或方向。

3）加强人才培养和顶岗实习工作，给学生积累工作经验的机会。

项目小结 ↘

本项目综合性较强，难度相对较大。前两个任务运用了Flask、Ajax、ECharts等技术，使用Flask SQLAlchemy连接MySQL，创建模型类关联数据库中表，再使用SQLAlchemy进行多表联合查询，将数据发送到Web前端，前端使用Ajax异步获取数据，对数据进行处理、转换，将数据嵌入ECharts中，绘制图形。最后一个任务则使用Vue、Node.js技术获取接口地址的数据，对数据处理、转换后，嵌入ECharts参数设置中，再绘制图形，通过Web页面展示出来。

本项目通过分解任务，逐步完成所有操作，同时对SQLAlchemy高级查询、HTTP的GET与POST方法、JavaScript数据处理、Node.js、NPM、Vue、Axios等知识进行了重点讲解。

本项目有几处难点：一是SQLAlchemy多表联合查询语句较难，需要熟练掌握SQLAlchemy的高级查询方法；二是Ajax获取数据后，对数据的处理和转换较难，需要熟练应用JavaScript语句；三是Vue框架组件的开发较难，特别是使用Vue语句处理数据难度较大。这些是项目开发重点要关注的地方。

本项目对职位招聘数据进行处理、分析以及可视化，数据提取和处理使用了两种不同的技术，结合了前后端技术，并应用了最新的前端框架技术，不仅能够紧跟前沿技术，开拓视野，还能够训练读者的综合能力，为数据分析、数据可视化等工作打下良好的基础。

巩固强化 ↗

1．SQLAlchemy有哪两种查询方式？如何进行多表联合查询？

2．SQLAlchemy有哪些常用的高级查询操作？

3．Flask路由时，请求数据的方式有GET和POST两种方式，这两种方式有什么区别？

4．有哪些创建ECharts联动图的方式？

5．什么是Node.js？什么是Vue？

6．Vue如何进行跨域请求数据？

参 考 文 献

[1] 黑马程序员. Python数据分析与应用：从数据获取到可视化[M]. 北京：中国铁道出版社，2019.

[2] 王大伟. ECharts数据可视化入门、实战与进阶[M]. 北京：机械工业出版社，2021.

[3] 黑马程序员. Python数据可视化[M]. 北京：人民邮电出版社，2021.

[4] 张学建. Flask Web开发入门、进阶与实战[M]. 北京：机械工业出版社，2021.

[5] 张帆. Vue.js+Node.js开发实战：从入门到项目上线[M]. 北京：机械工业出版社，2021.